省级优秀课程
应用型本科机电类专业"十二五"规划教材

AutoCAD 2013 实用教程

主编 朱绚曼 刘薇娜 闫 冠

北京航空航天大学出版社

内 容 简 介

从应用型本科院校教育培养目标要求出发,结合实例讲解 AutoCAD 2013 的基础知识,重点培养学生的绘图技能,提高解决实际问题的能力。全书共 10 章。以 AutoCAD 2013 为平台,主要介绍利用其二维绘图功能,绘制零件图、装配图及由装配图拆画零件图的过程,为在校学生进行课程设计和毕业设计打下坚实的 CAD 计算机绘图基础。每章开篇均列出了本章的主要内容,按照基础—提高—巩固—应用的结构体系进行编排,从基础入手,以实用性强、针对性强的实例为引导,循序渐进地介绍 AutoCAD 2013 的使用方法。每章后都附有实践性较强的习题,供学生上机操作时使用,以帮助学生进一步巩固所学内容。

本书可作为应用型本科院校相关专业及高职高专院校的专业课程教材,也可作为广大技术人员的自学用书。

图书在版编目(CIP)数据

AutoCAD 2013 实用教程 / 朱绚曼等主编. -- 北京：
北京航空航天大学出版社，2014.7
ISBN 978-7-5124-1552-2

Ⅰ.①A… Ⅱ.①朱… Ⅲ.①AutoCAD 软件－高等学校
－教材 Ⅳ.①TP391.72

中国版本图书馆 CIP 数据核字(2014)第 120005 号

版权所有,侵权必究。

AutoCAD 2013 实用教程

主编 朱绚曼 刘薇娜 闫 冠
责任编辑 张冀青

*

北京航空航天大学出版社出版发行

北京市海淀区学院路 37 号(邮编 100191) http://www.buaapress.com.cn
发行部电话：(010)82317024 传真：(010)82328026
读者信箱：emsbook@gmail.com 邮购电话：(010)82316524
北京九州迅驰传媒文化有限公司印装 各地书店经销

*

开本：710×1 000 1/16 印张：12.5 字数：266 千字
2014 年 7 月第 1 版 2020 年 7 月第 5 次印刷 印数：6 501～7 000 册
ISBN 978-7-5124-1552-2 定价：39.00 元

若本书有倒页、脱页、缺页等印装质量问题,请与本社发行部联系调换。联系电话：(010)82317024

前　言

AutoCAD 是美国 Autodesk 公司研发的一款优秀的计算机辅助设计及绘图软件，其应用范围遍及机械、建筑、电子、航天、轻工和服装等各领域。随着我国社会经济的迅猛发展，市场上急需大量懂技术、懂设计、懂软件、会操作的应用型高技能人才。本书是基于目前应用型本科院校开设相关课程的教学需要和社会上对 AutoCAD 计算机绘图应用人才的需求而编写的。

本书突出实用性，注重培养学生的实践能力，详细介绍了 AutoCAD 2013 的基本知识及各种命令的使用，内容主要包括：AutoCAD 绘图基础、绘图环境设置及图层设置、精确绘图、绘制二维图形、编辑图形、图块及图案填充、文字标注与表格绘制、尺寸标注、绘制零件图与拼画装配图及图形的打印输出。充分考虑课程教学内容及特点，组织本书内容及编排方式。每章中既介绍了 AutoCAD 2013 的基本操作，也提供了丰富的、实践性较强的习题，供学生上机操作时使用，帮助学生进一步巩固所学内容。本书第 9 章介绍了用 AutoCAD 2013 绘制典型零件图及装配图的方法。通过这部分内容的学习，有助于学生了解 AutoCAD 2013 绘制机械图的特点，并掌握一些实用的作图技巧，从而达到最佳的学习效果，提高解决问题的能力。

编写人员的具体分工如下：长春理工大学光电信息学院机械制图教研室朱绚曼老师负责编写第 1 章、第 3~5 章；吉林大学机械制图教研室闫冠老师负责编写第 6~9 章；长春理工大学光电信息学院陈楠老师负责编写第 2 章，刘志刚老师参与编写第 5 章，李春梅老师负责编写第 10 章。参加本书编写工作的还有长春理工大学光电信息学院机械制图教研室的全体老师。

书中内容参考了国内同类教材和文献资料，在此一并向出版者和著作者表示衷心的感谢。

由于编者水平有限，加之时间仓促，书中难免有疏漏和错误之处，望广大读者不吝赐教，对书中不足之处给予指正。

编　者
2014 年 5 月

目 录

第 1 章 AutoCAD 绘图基础 ·· 1
  1.1 AutoCAD 2013 的经典工作界面 ····················· 1
    1.1.1 AutoCAD 2013 的启动 ··················· 1
    1.1.2 初始界面 ······································· 1
  1.2 点的坐标输入法 ·· 5
    1.2.1 鼠标输入法 ···································· 5
    1.2.2 键盘输入法 ···································· 5
    1.2.3 用给定距离方式输入 ······················· 7
  1.3 绘制直线 ·· 8
  1.4 绘制圆 ·· 10
    1.4.1 指定圆心、半径绘制圆 ················· 10
    1.4.2 指定圆上的三点绘制圆 ················· 11
    1.4.3 指定直径的两端点绘制圆 ············· 11
    1.4.4 指定相切、相切、半径方式绘制圆 ····· 11
    1.4.5 指定相切、相切、相切方式绘制圆 ····· 12
  1.5 命令的重复、重做、撤销 ·························· 13
  1.6 图形文件操作命令 ··································· 13
  上机实践 ··· 16

第 2 章 绘图环境设置及图层设置 ························· 19
  2.1 系统选项设置 ·· 19
  2.2 设置图形界限 ·· 20
  2.3 设置绘图单位 ·· 21
  2.4 设置图层、颜色、线型及线宽 ·················· 22
  上机实践 ··· 26

第 3 章 精确绘图 ·· 28
  3.1 捕捉和栅格功能 ······································ 28

目 录

- 3.1.1 栅格显示 ······ 28
- 3.1.2 栅格捕捉 ······ 28
- 3.2 正交与极轴追踪功能 ······ 30
  - 3.2.1 正 交 ······ 30
  - 3.2.2 极轴追踪 ······ 30
- 3.3 对象捕捉及自动捕捉 ······ 31
  - 3.3.1 对象捕捉 ······ 31
  - 3.3.2 自动捕捉 ······ 32
- 3.4 对象追踪 ······ 33
- 3.5 图形的显示控制 ······ 33
  - 3.5.1 实时缩放 ······ 34
  - 3.5.2 窗口缩放 ······ 34
  - 3.5.3 返回缩放 ······ 34
  - 3.5.4 平移图形 ······ 35
- 3.6 计算和查询 ······ 35
  - 3.6.1 计算距离和面积 ······ 36
  - 3.6.2 显示点的坐标 ······ 37
  - 3.6.3 列表显示 ······ 38
- 上机实践 ······ 40

第 4 章 绘制二维图形 ······ 42

- 4.1 绘制点 ······ 42
  - 4.1.1 设置点的样式 ······ 42
  - 4.1.2 绘制单点或多点 ······ 43
  - 4.1.3 绘制定数等分点 ······ 43
  - 4.1.4 绘制定距等分点 ······ 44
- 4.2 绘制射线和构造线 ······ 44
  - 4.2.1 绘制射线 ······ 44
  - 4.2.2 绘制构造线 ······ 44
- 4.3 绘制多段线 ······ 46
- 4.4 绘制正多边形 ······ 47
  - 4.4.1 边长方式 ······ 48
  - 4.4.2 内接圆方式 ······ 48
  - 4.4.3 外切圆方式 ······ 48
- 4.5 绘制矩形 ······ 49
- 4.6 绘制圆弧 ······ 50
  - 4.6.1 三点方式 ······ 50

4.6.2　起点、端点、半径方式 ……………………………………………………… 50
　　4.6.3　起点、圆心、端点方式 ……………………………………………………… 51
　　4.6.4　起点、端点、角度方式 ……………………………………………………… 51
4.7　绘制椭圆 ………………………………………………………………………………… 52
　　4.7.1　轴端点方式 …………………………………………………………………… 52
　　4.7.2　中心点方式 …………………………………………………………………… 52
4.8　绘制多线与多线设置 …………………………………………………………………… 53
　　4.8.1　绘制多线 ……………………………………………………………………… 53
　　4.8.2　多线设置 ……………………………………………………………………… 53
4.9　绘制样条曲线 …………………………………………………………………………… 55
4.10　绘制云状线 …………………………………………………………………………… 56
上机实践 ……………………………………………………………………………………… 58

第 5 章　编辑图形

5.1　选择对象 ………………………………………………………………………………… 62
5.2　删除对象与取消命令 …………………………………………………………………… 65
　　5.2.1　删除对象 ……………………………………………………………………… 65
　　5.2.2　取消命令 ……………………………………………………………………… 66
5.3　复制对象 ………………………………………………………………………………… 66
5.4　镜像对象 ………………………………………………………………………………… 67
5.5　偏移对象 ………………………………………………………………………………… 69
5.6　阵列对象 ………………………………………………………………………………… 70
5.7　移动对象 ………………………………………………………………………………… 73
5.8　旋转对象 ………………………………………………………………………………… 74
5.9　比例缩放对象 …………………………………………………………………………… 77
5.10　拉伸对象 ……………………………………………………………………………… 78
5.11　修剪对象 ……………………………………………………………………………… 80
5.12　延伸对象 ……………………………………………………………………………… 81
5.13　打断和打断于点 ……………………………………………………………………… 82
5.14　倒角和圆角 …………………………………………………………………………… 83
　　5.14.1　倒角 …………………………………………………………………………… 83
　　5.14.2　圆角 …………………………………………………………………………… 84
5.15　拉长对象 ……………………………………………………………………………… 85
5.16　分解对象与合并对象 ………………………………………………………………… 86
　　5.16.1　分解对象 ……………………………………………………………………… 86
　　5.16.2　合并对象 ……………………………………………………………………… 86
5.17　夹点编辑 ……………………………………………………………………………… 87

目 录

上机实践 ··· 88

第 6 章 图块与图案填充 ··· 92
6.1 创建图块 ··· 92
6.1.1 创建内部图块 ··· 92
6.1.2 创建外部图块 ··· 94
6.2 插入图块 ··· 94
6.3 图块的分解 ··· 96
6.4 图案填充 ··· 96
上机实践 ·· 100

第 7 章 文字标注与表格绘制 ····································· 102
7.1 文字标注 ··· 102
7.1.1 设置文字样式 ··· 102
7.1.2 标注单行文字 ··· 104
7.1.3 标注多行文字 ··· 104
7.1.4 编辑和修改文字 ··· 106
7.2 表格与表格样式 ·· 106
7.2.1 设置表格样式 ··· 106
7.2.2 插入表格 ··· 108
7.2.3 编辑表格 ··· 108
上机实践 ·· 110

第 8 章 尺寸标注 ··· 112
8.1 尺寸标注样式设置 ·· 112
8.1.1 启动标注样式管理器 ································· 112
8.1.2 创建新标注样式 ··· 113
8.2 尺寸标注类型 ·· 118
8.2.1 标注线性尺寸 ··· 118
8.2.2 标注对齐尺寸 ··· 119
8.2.3 标注基线尺寸 ··· 120
8.2.4 标注连续尺寸 ··· 120
8.2.5 标注角度尺寸 ··· 121
8.2.6 标注半径尺寸 ··· 121
8.2.7 标注直径尺寸 ··· 122
8.2.8 标注带前缀φ的线性尺寸 ························· 122
8.2.9 标注尺寸公差 ··· 123
8.2.10 多重引线 ··· 124
8.2.11 标注形位公差 ··· 124

8.3 编辑尺寸标注 ·· 125
    8.3.1 编辑标注 ··· 126
    8.3.2 编辑标注文字 ····································· 126
    8.3.3 使用"特性"选项板编辑标注 ························ 126
上机实践 ·· 127

第 9 章 绘制零件图与拼画装配图 ·························· 131
9.1 绘制零件图 ·· 131
    9.1.1 创建零件图样板图 ·································· 131
    9.1.2 绘制零件图 ······································· 135
9.2 由零件图拼画装配图 ···································· 140
9.3 由装配图拆画零件图 ···································· 153
上机实践 ·· 157

第 10 章 图形的打印输出 ·································· 163
10.1 创建和管理布局 ······································· 163
    10.1.1 模型空间和布局空间 ······························ 163
    10.1.2 使用布局向导创建布局 ···························· 165
    10.1.3 布局页面设置 ··································· 169
10.2 打印图形 ··· 172
    10.2.1 打印设置 ······································· 172
    10.2.2 打印预览 ······································· 175
    10.2.3 打印输出 ······································· 175
10.3 发布图形文件 ··· 176
    10.3.1 建立 DWF 文件 ·································· 176
    10.3.2 将图形发布到 Web 页 ····························· 177
上机实践 ·· 181

附 录 重要的键盘功能键速查 ······························· 183
参考文献 ··· 188

第1章

AutoCAD 绘图基础

本章学习的主要内容:
- 了解 AutoCAD 2013 工作界面,熟悉下拉菜单、快捷菜单以及各种工具条的基本操作;
- 点的(坐标)输入法;
- 绘制直线;
- 绘制圆;
- 命令的重复、撤销、重做。

1.1 AutoCAD 2013 的经典工作界面

1.1.1 AutoCAD 2013 的启动

安装 AutoCAD 2013 后,双击桌面上【AutoCAD 2013 简体中文(Simplified Chinese)】快捷图标,启动 AutoCAD 2013 中文版系统。第一次启动 AutoCAD 2013 中文版系统时会自动弹出如图 1-1 所示的【欢迎】界面。界面中包括【工作】、【了解】和【扩展】三个选项组。用户可以直接在【工作】选项组中操作新建一个文件,也可以打开所需要的已有文件,而【了解】和【扩展】选项组可以更直接地帮助用户了解 AutoCAD 2013 中文版系统新增内容以及快速入门的一些技巧。

1.1.2 初始界面

关闭【欢迎】界面后,就是 AutoCAD 2013 中文版的操作窗口。它是一个标准的 Windows 应用程序窗口,包括标题栏、菜单栏、工具栏、状态栏和绘图区等。操作界面中还包含命令输入行与文本框,用户通过这些窗口可以与 AutoCAD 系统之间进行人机交互。启动 AutoCAD 2013 以后,系统将自动创建一个新的图形文件,并将该图形文件命名为 Drawing1.dwg。因此,启动之后,在 AutoCAD 2013 的主窗口中就自动包含了一个名为 Drawing1.dwg 的绘图窗口。

第1章 AutoCAD 绘图基础

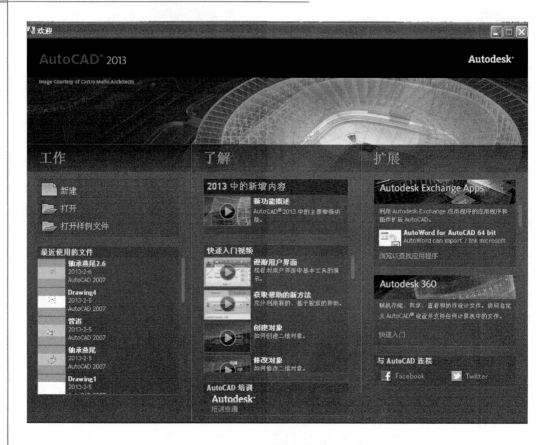

图1-1 【欢迎】界面

AutoCAD 2013 为用户提供了【AutoCAD 经典】、【草图与注释】、【三维基础】和【三维建模】4 种工作空间模式。对于习惯于 AutoCAD 2007 传统界面的用户来说，可以采用【AutoCAD 经典】工作空间，此时的界面如图1-2所示。该界面主要由标题栏、菜单栏、工具栏、状态栏和绘图区等部分组成。

1.【AutoCAD 经典】界面

下面介绍几个常用工具栏。

1）【绘图】工具栏

基本绘图命令位于菜单栏中的【绘图】下拉菜单中，常用绘图命令包括直线、多段线、圆、圆弧和正多边形等，单击【绘图】右边的三角按钮，还会弹出其他常用的绘图命令。【绘图】工具栏通常位于绘图区右侧。当光标移到图标上时会显示此图标的名称，悬停在图标上时会显示此命令的简要操作举例。

如图1-3所示为【绘图】工具栏，工具栏上分别是直线、构造线、多段线、正多边形、矩形、圆弧、圆、修订云线、样条曲线、椭圆、椭圆弧、插入块、创建块、点、图案填充、面域、表格及多行文字等工具按钮。

第 1 章 AutoCAD 绘图基础

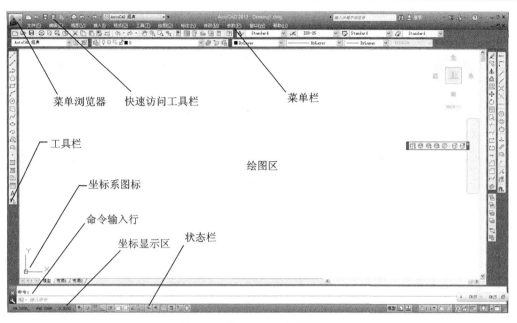

图 1-2 【AutoCAD 经典】界面

图 1-3 【绘图】工具栏

2)【编辑】工具栏

【编辑】工具栏包括删除、复制、镜像、偏移、比例、阵列、移动、旋转、缩放、拉伸、修剪、延伸、打断于点、打断、倒角、圆角及分解等工具按钮,如图 1-4 所示。

图 1-4 【编辑】工具栏

3)【尺寸】工具栏

【尺寸】工具栏包括线性(水平/垂直型)标注、对齐标注、弧长标注、坐标标注、半径标注、折弯标注、直径标注、角度标注、快速标注、基线标注、连续标注、形位公差标注、圆心标记、检验、调整标注间距、打断标注、折弯线性标注、编辑标注、编辑标注文字、标注更新、标注样式控制及设置标注样式等工具按钮,如图 1-5 所示。

图 1-5 【尺寸】工具栏

4)【对象捕捉】工具栏

【对象捕捉】工具栏包括临时追踪点、捕捉自、端点、中点、交点、外观交点、延长

第1章 AutoCAD 绘图基础

线、圆心、象限点、切点、垂足、平行线、插入点、节点、最近点、无捕捉、对象捕捉设置等工具按钮,如图1-6所示。

图1-6 【对象捕捉】工具栏

2.【草图与注释】界面(见图1-7)

图1-7 【草图与注释】界面

3.【三维基础】界面(见图1-8)

图1-8 【三维基础】界面

4.【三维建模】界面(见图 1-9)

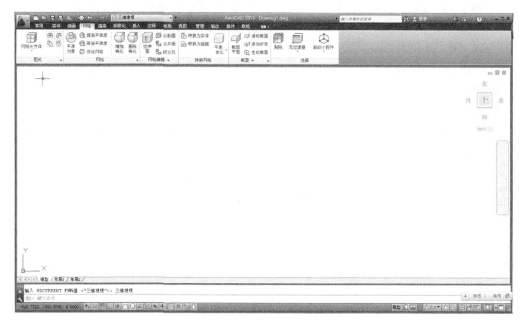

图 1-9 【三维建模】界面

1.2 点的坐标输入法

1.2.1 鼠标输入法

鼠标输入法是指移动光标直接在绘图区的指定位置单击(左键)来拾取点坐标的一种方法。当移动鼠标时,十字光标和坐标值随着变化,状态栏左边的坐标显示区显示当前位置。

在 AutoCAD 2013 中,坐标的显示是动态直角坐标,其显示光标的绝对坐标值,随着光标的移动,坐标的显示连续更新,随时指示当前光标位置的坐标值。

1.2.2 键盘输入法

键盘输入法是指通过键盘在命令行输入参数值来确定位置坐标。
位置坐标一般有两种方式,即绝对坐标和相对坐标。

1. 绝对坐标

绝对坐标是指相对于当前坐标系原点(0,0,0)的坐标。在二维空间中,绝对坐标可以用绝对直角坐标和绝对极坐标来表示。

第1章 AutoCAD 绘图基础

1) 绝对直角坐标

例 1-1 画起点 $A(10,10)$ 到终点 $B(30,25)$ 的线段,如图 1-10 所示。

命令:_line
指定第一点:10,20
指定下一点或[放弃(U)]:30,25
指定下一点或[放弃(U)]:

2) 绝对极坐标

例 1-2 画起点 A 22.36＜63 到终点 B 39.05＜40 的线段,如图 1-11 所示。

命令:_line
指定第一个点:22.36＜63
指定下一点或[放弃(U)]:39.05＜40
指定下一点或[放弃(U)]:

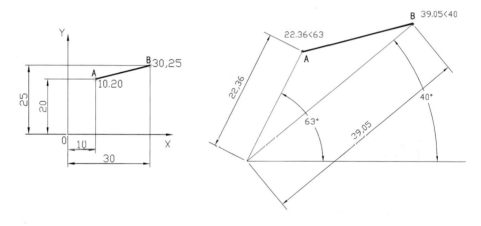

图 1-10 绝对直角坐标输入　　　图 1-11 绝对极坐标输入

2. 相对坐标

相对坐标是指相对于前一点位置的坐标。相对坐标也有相对直角坐标和相对极坐标两种表示方式。

1) 相对直角坐标

例 1-3 画一条起点 $A(10,10)$ 到终点 B 的直线,且点 B 距点 A 的增量为 $\Delta X=20$,$\Delta Y=15$,如图 1-12 所示。

命令:_line
指定第一点:10,10
指定下一点或[放弃(U)]:@20,15
指定下一点或[放弃(U)]:

2) 相对极坐标

相对极坐标是指输入点到图中已产生的最后一点的连线的长度以及连线与零角

度方向的夹角。

格式：@长度＜夹角

例 1-4　画线，起点为 A(10,10)，末点 B 距起点 A 的长度是 25 个单位，其连线与 X 轴正方向的夹角是 37°，如图 1-13 所示。

命令：_line
指定第一点：10,10
指定下一点或[放弃(U)]：@25＜37
指定下一点或[放弃(U)]：

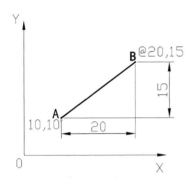

图 1-12　相对直角坐标输入

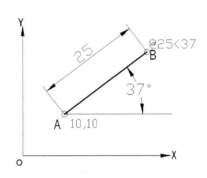

图 1-13　相对极坐标输入

1.2.3　用给定距离方式输入

用给定距离的方式输入是鼠标输入法和键盘输入法的结合。

当提示输入一个点时，将光标移到输入点的附近（不要单击）以确定方向，使用键盘直接输入一个相对前一点的距离，按 Enter 键确定。

例 1-5　用给定距离的输入方式绘制图 1-14。

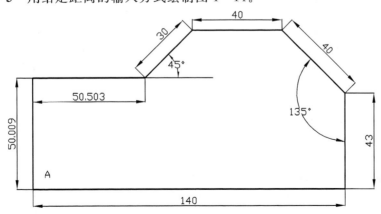

图 1-14　用给定距离的方式输入

第1章 AutoCAD 绘图基础

① 单击状态栏上正交按钮 或按 F8 键。

② 用鼠标右击状态栏上对象捕捉按钮 ,在出现的快捷菜单中选【设置】,显示如图 1-15 所示对话框,并作如图 1-15 所示设置。

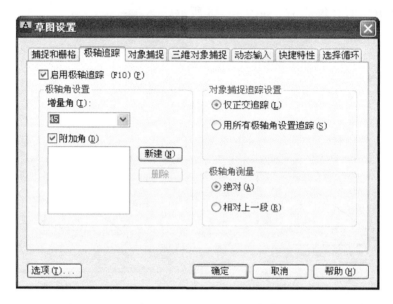

图 1-15 【草图设置】对话框

③ 打开极轴追踪。

④ 在绘图区合适位置设定第一点(A 点)。

```
命令:_line
指定第一个点或[放弃(U)]:140              //光标沿水平线拉伸
指定下一个点或[放弃(U)]:43               //光标沿竖直线拉伸
指定下一个点或[放弃(U)]:40               //光标沿竖45°方向拉伸
指定下一个点或[放弃(U)]:40               //光标沿水平线拉伸
指定下一个点或[放弃(U)]:30               //光标沿-45°方向拉伸
指定下一个点或[放弃(U)]:50.503           //光标沿水平线拉伸
指定下一个点或[放弃(U)]:50.009           //光标沿竖直拉伸
指定下一个点或[放弃(U)]:
```

1.3 绘制直线

1. 输入命令(选用下列方法之一)

① 菜单栏:选择【绘图】|【直线】命令。

② 工具栏:在绘图工具栏中单击直线按钮 。

③ 命令行:键盘输入 LINE/L 命令后按 Enter 键。

2. 操作格式

执行三种命令之一,系统提示如下:

指定第一点:(输入第 1 点)
指定下一点或[放弃(U)]:(输入第 2 点)
指定下一点或[闭合(C)/放弃(U)]:(输入第 3 点)
指定下一点或[闭合(C)/放弃(U)]:(输入 C,按 Enter 键,自动封闭多边形并退出命令)

例 1-6 利用点坐标输入法和直线命令绘制图 1-16。

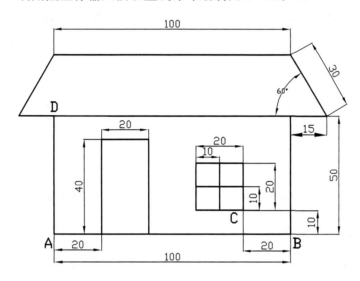

图 1-16 用点坐标输入法和直线命令绘制直线

命令:_line
指定第一点:(输入起始点,屏幕上任一点)
指定下一点或[放弃(U)]:(输入第 2 点)@100,0
指定下一点或[闭合(C)/放弃(U)]:(输入)@0,50
指定下一点或[闭合(C)/放弃(U)]:(输入)@15,0
指定下一点或[闭合(C)/放弃(U)]:(输入)@30<120
指定下一点或[闭合(C)/放弃(U)]:(输入)@-100,0
指定下一点或[闭合(C)/放弃(U)]:(输入)@30<240
指定下一点或[闭合(C)/放弃(U)]:(输入)@15,0
指定下一点或[闭合(C)/放弃(U)]:(输入)@0,-50
指定下一点或[闭合(C)/放弃(U)]:   //输入 C,按 Enter 键,自动封闭多边形并退出命令
命令:_line
指定第一点:(输入起始点,屏幕上 A 点)
指定下一点或[放弃(U)]:(输入第 2 点)@20,0
指定下一点或[闭合(C)/放弃(U)]:(输入)@0,40
指定下一点或[闭合(C)/放弃(U)]:(输入)@20,0

指定下一点或[闭合(C)/放弃(U)]:(输入)@0,-40
指定下一点或[闭合(C)/放弃(U)]://按 Enter 键
命令:_LINE
指定第一点:(输入起始点,屏幕上 B 点)
指定下一点或[放弃(U)]:@-20,10
指定下一点或[放弃(U)]:@-20,0
指定下一点或[放弃(U)]:@0,20
指定下一点或[放弃(U)]:@20,0
指定下一点或[放弃(U)]:@0,-20
指定下一点或[闭合(C)/放弃(U)]:   //按 Enter 键
命令:_LINE
指定第一点:(屏幕上 C 点)
指定下一点或[放弃(U)]:@-10,0
指定下一点或[放弃(U)]:@0,20
指定下一点或[闭合(C)/放弃(U)]:   //按 Enter 键
命令:_LINE
指定第一点:(屏幕上 C 点)
指定下一点或[放弃(U)]:@0,10
指定下一点或[放弃(U)]:@-20,0
指定下一点或[闭合(C)/放弃(U)]:   //按 Enter 键
命令:_LINE
指定第一点:(屏幕上 D 点)
指定下一点或[放弃(U)]:@100,0
指定下一点或[闭合(C)/放弃(U)]:   //按 Enter 键

1.4 绘制圆

CIRCLE 命令用于绘制圆,并提供了下列 6 种绘制方式:
- 指定圆心及半径(CEN,R) ;
- 指定圆心及直径(CEN,D) ;
- 指定直径的两端点(2P) ;
- 指定圆上的三点(3P) ;
- 选择两个对象(可以是直线、圆弧、圆)和指定半径(TTR) ;
- 选择三对象相切(A) 。

1.4.1 指定圆心、半径绘制圆

输入命令:
① 菜单栏:选择【绘图】|【圆】|【圆心、半径】命令;
② 工具栏:在绘图工具栏中单击圆按钮 ;

③ 命令行:输入 C 命令。

例 1-7　画出一个圆,圆心在指定点,半径为 10,如图 1-17 所示。

执行三种命令之一,系统提示如下:

命令:_circle
指定圆的圆心或 [三点(3P)/两点(2P)/切点、切点、半径(T)]:　　//此处可用光标或坐标法
　　　　　　　　　　　　　　　　　　　　　　　　　　　　　　//指定圆心 O
指定圆的半径或 [直径(D)]〈7.5552〉:10

1.4.2　指定圆上的三点绘制圆

例 1-8　画出一个圆,圆周过指定 A、B、C 三点,如图 1-18 所示。

命令:_circle
指定圆的圆心或 [三点(3P)/两点(2P)/切点、切点、半径(T)]:3p　　//指定圆上的第一个点 A
指定圆上的第二个点:B
指定圆上的第三个点:C

执行命令后,系统绘制出圆。

1.4.3　指定直径的两端点绘制圆

例 1-9　画出一个圆,圆周过指定两点,如图 1-19 所示。

命令:_circle
指定圆的圆心或 [三点(3P)/两点(2P)/切点、切点、半径(T)]:2P
指定圆直径的第一个端点:A
指定圆直径的第二个端点:B

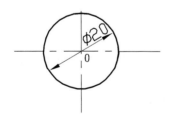 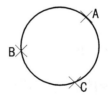 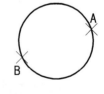
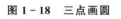

图 1-17　圆心、半径画圆　　　图 1-18　三点画圆　　　图 1-19　两点画圆

1.4.4　指定相切、相切、半径方式绘制圆

例 1-10　画圆,以相切、相切、半径方式绘制圆,如图 1-20 和图 1-21 所示。

命令:_circle
指定圆的圆心或 [三点(3P)/两点(2P)/切点、切点、半径(T)]:T
指定对象与圆的第一个切点:　　　　　　　　　　　//在第一个相切对象 OA 上指定切点

第 1 章　AutoCAD 绘图基础

指定对象与圆的第二个切点：　　　　　　//在第一个相切对象 OB 上指定切点
指定圆的半径〈10.0000〉：15　　　　　　//指定公切圆 R 半径

执行命令后，系统绘制出圆。

命令：_circle
指定圆的圆心或［三点(3P)/两点(2P)/切点、切点、半径(T)］：T
指定对象与圆的第一个切点：　　　　　　//在第一个相切对象 O1 圆上指定切点
指定对象与圆的第二个切点：　　　　　　//在第一个相切对象 O2 圆上指定切点
指定圆的半径〈15.0000〉：15

执行命令后，系统绘制出圆。

例 1 - 11　　画与圆弧$\overset{\frown}{AB}$和直线 P2 同时相切的公切圆，公切圆的半径为 4，如图 1 - 22 所示。

操作命令如下：

命令：_circle
指定圆的圆心或［三点(3P)/两点(2P)/相切、相切、半径(T)］：T
指定对象与圆的第一个切点：(在第一个相切对象 P1 指定切点)
指定对象与圆的第二个切点：(在第一个相切对象 P2 指定切点)
指定圆的半径〈当前值〉：(指定公切圆 R 半径)4

结束命令。

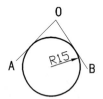 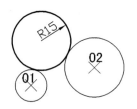 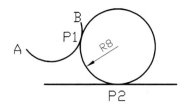

图 1 - 20　两切点、半径画圆 1　　图 1 - 21　两切点、半径画圆 2　　图 1 - 22　利用圆命令画公切圆

1.4.5　指定相切、相切、相切方式绘制圆

例 1 - 12　　画圆，以相切、相切、相切方式绘制圆，如图 1 - 23～图 1 - 25 所示。

命令：_circle
指定圆的圆心或［三点(3P)/两点(2P)/切点、切点、半径(T)］：_3p
指定圆上的第一个点：_tan 到　　　　　//在第一个相切对象 p1 指定切点
指定圆上的第二个点：_tan 到　　　　　//在第二个相切对象 p2 指定切点
指定圆上的第三个点：_tan 到　　　　　//在第三个相切对象 p3 指定切点

执行命令后，系统绘制出圆。

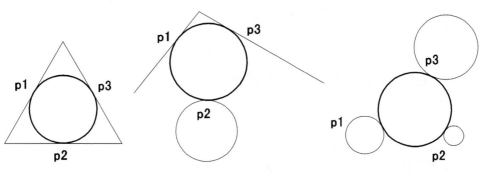

图 1-23　三切点画圆 1　　　图 1-24　三切点画圆 2　　　图 1-25　三切点画圆 3

1.5　命令的重复、重做、撤销

1. 命令的重复

当需要重复执行上一条命令时,可按以下步骤操作:
① 按 Enter 键或空格键。
② 在绘图区右击(单击鼠标右键),在快捷菜单中选择【重复 XXX】命令。

2. 命令的重做

当需要恢复刚被 U 命令撤销的命令时,可选择以下操作:
① 工具栏:选择标准工具栏中的【重做】按钮。
② 菜单栏:选择【编辑】|【重做】命令。
③ 命令行:输入 REDO 命令,按 Enter 键。
命令执行后,恢复到上一次操作。

3. 命令的撤销

当需要撤销上一条命令时,可选择以下操作:
① 工具栏:单击标准工具栏中的【放弃】按钮。
② 菜单栏:选择【编辑】|【放弃】命令。
③ 命令行:输入 U(Undo)命令,按 Enter 键。
用户可以重复输入 U 命令或单击【放弃】按钮来取消自从打开当前图形以来的所有命令。
若要撤销一个正在执行的命令,可以按 Esc 键,有时需要按 Esc 键二至三次才可以回到【命令:】提示状态,这是一个常用的操作。

1.6　图形文件操作命令

图形文件的操作主要包括:

第1章 AutoCAD 绘图基础

① 用【新建】(New)命令建立新图。
② 用【保存】(Save 和 Save As)命令存储文件。
③ 用【打开】(Open)命令打开已存在的图形文件。

1. 新建图形文件并绘制一张新图

创建一个新的图形文件,开始绘制一张新图。

命令激活方式:
① 命令行:输入 NEW 命令。
② 菜单栏:选择【文件】|【新建】命令。
③ 工具栏:在标准工具栏单击【新建】按钮 。

操作步骤:激活命令后,屏幕上弹出【选择样板】对话框,如图 1-26 所示。在该对话框中,用户可以在样板列表框中选择某一个样板文件,这时在右侧的【预览】区显示该样板的预览图像,单击【打开】按钮,可以将选中的样板文件作为样板来创建新图形。单击【打开】的下三角按钮,打开如图 1-27 所示的下拉列表。其中各选项功能如下:

图 1-26 【选择样板】对话框

① 【打开(O)】表示新建一个由样板打开的绘图文件。
② 【无样板打开—英制(I)】表示新建一个英制的无样板打开的绘图文件。
③ 【无样板打开—公制(M)】表示新建一个公制的无样板打开的绘图文件。

图 1-27 下拉列表

2. 打开已有的图形文件

打开已经存在的图形文件,以便继续绘图或进行其他操作。

命令激活方式:

① 命令行:输入 OPEN 命令。

② 菜单栏:选择【文件】|【打开】命令。

③ 工具栏:在标准工具栏单击【打开】按钮。

操作步骤:当激活命令后,屏幕上弹出如图 1-28 所示的对话框。在【选择文件】对话框中,选择需要打开的图形文件,在右侧的【预览】区显示对应的图形。

图 1-28 【选择文件】对话框

3. 保存文件

用【保存】(Save)命令或【另存为】(Save As)命令存储文件,以备后用。

命令激活方式:

① 命令行:输入 SAVE 命令。

② 菜单栏:选择【文件】|【保存】命令。

③ 工具栏:在标准工具栏中单击【保存】按钮。

操作步骤:激活命令后,在第一次保存创建图形时,屏幕上弹出如图 1-29 所示的对话框的在该对话框中,可以选择保存路径,为图形文件命名。默认情况下,文件以 AutoCAD 2013 图形(*.dwg)格式保存,也可以在【文件类型】下拉列表中选择其他格式。

图 1-29 【图形另存为】对话框

如果用户想在一个已经命名保存的图形上创建新的内容,但又不影响原命名图形,可以执行【文件】|【另存为】命令,将图形以新的名称保存。

上机实践

1. 利用点的相对直角坐标绘制图 1-30。
2. 利用点的相对坐标绘制图 1-31。

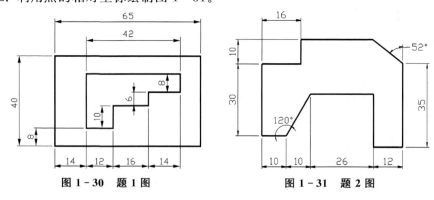

图 1-30 题 1 图　　　　图 1-31 题 2 图

3. 利用点的给定距离方式输入法绘制图 1-32。

4. 利用点的相对坐标方式绘制五角星,如图 1-33 所示。

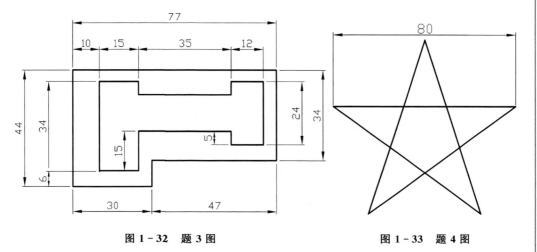

图 1-32 题 3 图　　　　　图 1-33 题 4 图

5. 利用输入点的坐标方式和给定距离方式绘制图 1-34。

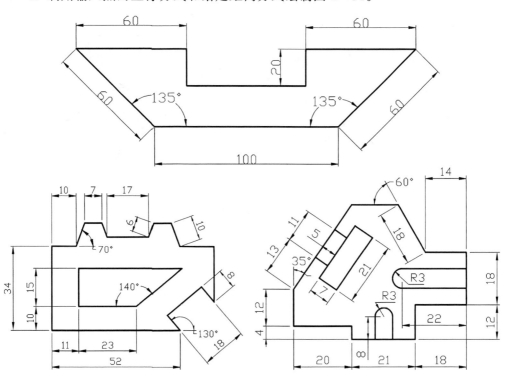

图 1-34 题 5 图

6. 绘制图 1-35 所示的圆。

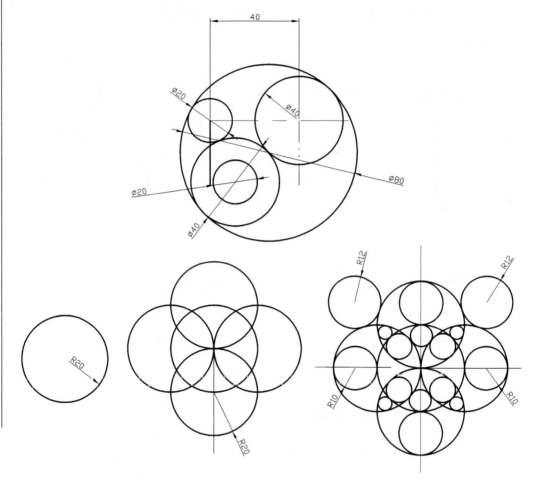

图 1-35　题 6 图

第 2 章

绘图环境设置及图层设置

本章学习的主要内容：
- 系统选项设置；
- 图形界限设置；
- 绘图单位设置；
- 图层、线型、线宽及颜色设置。

2.1 系统选项设置

改变绘图区的背景颜色，操作步骤如下：

① 在菜单栏选择【工具】|【选项】命令，打开【选项】对话框，如图 2-1 所示。

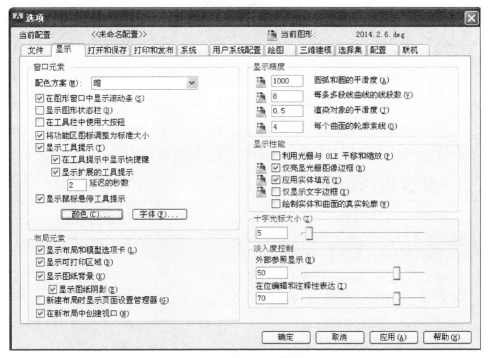

图 2-1 【选项】对话框

② 在【选项】对话框中打开【显示】选项卡,然后单击【窗口元素】选项组中的【颜色】按钮,显示【图形窗口颜色】对话框,如图 2-2 所示。

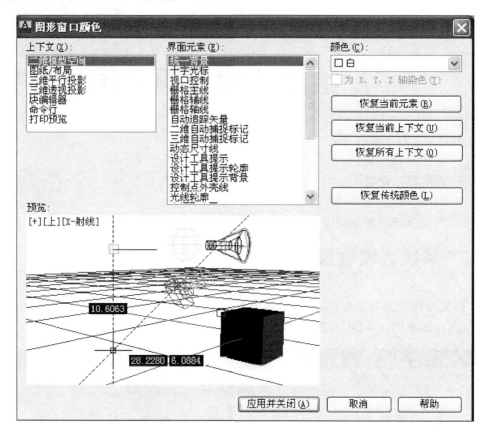

图 2-2 【图形窗口颜色】对话框

③ 在【图形窗口颜色】对话框中,在【颜色】下拉列表中选择【白】,然后单击【应用并关闭】按钮;返回【选项】对话框,单击【确定】按钮,完成设置。

2.2 设置图形界限

输入命令:

① 菜单栏:选择【格式】|【图形界限】命令。

② 命令行:输入 LIMITS 命令并按 Enter 键。

例 2-1 设置绘图界限,以左下角(0,0)、右上角(420,297)为图形界限。

命令:_limits
指定左下角点或[开(ON)/关(OFF)]:〈0.00,0.00〉　　//按 Enter 键或输入左下角图界坐标
指定右上角点:〈420,297〉　　　　　　　　　　　　 //按 Enter 键或输入右上角图界坐标

在状态栏单击【栅格】按钮,可显示图形界限区域。

2.3 设置绘图单位

输入命令:
① 菜单栏:选择【格式】|【单位】命令。
② 命令行:输入 UNITS 命令并按 Enter 键。

例 2-2 设置绘图单位:将长度单位设为小数,精度为 0.00;将角度单位设为十进制度数,精度为 0;其余为默认设置。

命令:_units

① 打开【图形单位】对话框。
② 在【长度】选项组的【类型】下拉列表中选择【小数】,在【精度】下拉列表中选择【0.00】。
③ 在【角度】选项组的【类型】下拉列表中选择【十进制度数】,在【精度】下拉列表中选择【0】,单击【确定】按钮,结果如图 2-3 所示。

图 2-3 【图形单位】对话框

2.4 设置图层、颜色、线型及线宽

图层是用户组织和管理图形强有力的工具。在中文版 AutoCAD 2013 中,所有图形对象都具有图层、颜色、线型和线宽这 4 个基本属性。用户可以使用不同的图层、颜色、线型和线宽绘制不同的对象和元素,利用图层对图形几何对象、文字和标注等进行归类处理,能使图形的各种信息清晰、有序,便于观察,也有助于图形的编辑、修改和输出,从而提高绘制复杂图形的效率和准确性。可以将 AutoCAD 图层想象成透明胶片,用户把各种类形的元素画在这些胶片上,AutoCAD 将这些胶片叠加在一起显示出来。最终显示的结果是各图层内容叠加后的效果。

1. 创建新图层的方法

图层工具栏如图 2-4 所示。

图 2-4 图层工具栏

AutoCAD 的图形总是位于某个图层上。默认情况下,图层 0 将被指定使用 7 号颜色(白色或黑色,由背景色决定,如将背景色设置为白色,那么图层颜色就是黑色)、Continuous 线型、默认线宽及 normal 打印样式,用户不能删除或重命名图层 0。在绘图过程中,如果用户要使用更多的图层来组织图形,就需要先创建新图层。可以使用以下几种方法创建图层:

① 菜单栏:选择【格式】|【图层】命令。
② 工具栏:单击图层工具栏中的【图层】按钮。
③ 命令行:输入 LAYER 命令并按 Enter 键。

执行命令后,系统弹出如图 2-5 所示的对话框。

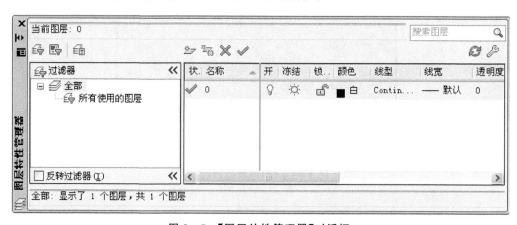

图 2-5 【图层特性管理器】对话框

2. 图层的数量及图层名

在【图层特性管理器】对话框中单击【新建图层】按钮，可以创建一个名为【图层1】的新图层。如图2-5所示，每个新图层会自动添加顺序编号，默认图层为0，建立的图层名称分别为图层1、图层2、图层3等。新建图层与当前图层（也就是图层0）的状态、颜色、线型、线宽等设置相同。创建了图层后，图层的名称将显示在图层列表中，如果要更改图层名称，可单击该图层名，然后输入一个新的图层名并按 Enter 键即可。

要特别注意的是，输入名称中不能包含"《""》""^"" = "":"";"",""等字符，也不能与其他图层名重复。创建完新图层后可以根据不同的需要选择删除按钮 × 对新建图层进行删除，也可选择 √ 按钮把选中的图层设置为当前图层。

一般情况下，每个图层只能赋一种颜色、一种线型和一种线宽，但允许用户随时改变图层的颜色、线型和线宽。

3. 设置图层颜色

如图2-6所示，若单击某一图层中的颜色名或其前面的颜色框（比如【■ 白】），则弹出【选择颜色】对话框（如图2-7所示）。从中选择需要的颜色后，再单击【确定】按钮，完成颜色设置。

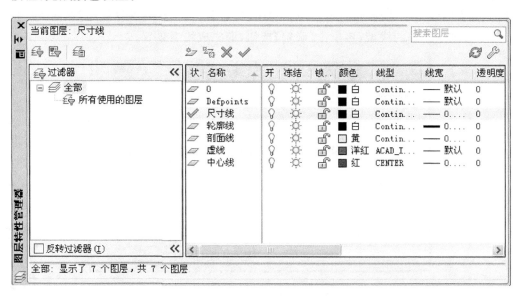

图 2-6　设置新图层

4. 设置图层线型

如图2-6所示，若单击某一图层中的【线型】项，则弹出【选择线型】对话框（如图2-8所示），从中选择需要的线型。若该对话框中没有所要的线型，则可单击下部

第 2 章 绘图环境设置及图层设置

图 2-7 【选择颜色】对话框

的【加载】按钮,从弹出的【加载或重载线型】对话框(如图 2-9 所示)中加载。从该对话框提供的线型中选择所需的线型后,单击【确定】按钮,返回【选择线型】对话框。这时,单击刚才所选的线型,再单击【确定】按钮,即完成线型设置。

图 2-8 【选择线型】对话框

5. 设置图层线宽

单击某一个图层中的【线宽】项,则弹出【线宽】对话框(如图 2-10 所示),从中选择所需的线宽后,再单击【确定】按钮,即完成线宽设置。

第 2 章　绘图环境设置及图层设置

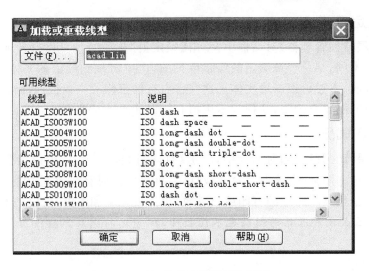

图 2-9　【加载或重载线型】对话框

6. 打开/关闭状态

在【图层特性管理器】对话框中可以选择关闭某个图层,即单击小灯泡图标 。默认情况下,小灯泡呈暗黄色为开启状态,如再次单击小灯泡图标 则显示灰色,为关闭状态。图层关闭状态下图层中的对象将不再显示,但仍然可以在该图层上绘制新的图形对象,不过新绘制的对象也是不可见的。另外,通过光标框选无法选中被关闭图层中的对象,只可在选择时输入 all 命令或右击,在【快速选择】中选中该图层对象。

被关闭图层中的对象是可以编辑修改的。例如执行删除、镜像等命令,选择对象时输入 all 命令或按组合键 Ctrl+A,那么被关闭图层中的对象也会被选中,并被删除或镜像。

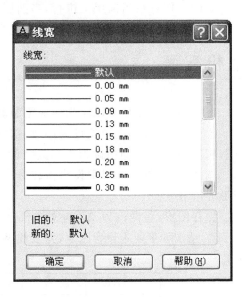

图 2-10　【线宽】对话框

7. 冻结/解冻状态

在【图层特性管理器】对话框中,单击【冻结】图标 可以冻结某个图层,图层被冻结后不仅使该层不可见,而且在选择时忽略层中的所有实体;另外,在对复杂的图重新生成时,AutoCAD 也将忽略被冻结层中的实体,从而节约时间。冻结图层后,就不能在该层上绘制新的图形对象,也不能编辑和修改。

8. 锁定/解锁状态

在【图层特性管理器】对话框中，单击【锁定】图标 或 可以打开或锁定某个图层。与冻结不同，某一个被锁定的层是可见的，也可定位到层上的实体，但不能对这些实体做修改，不过可以新增实体。这些特点有助于修改一幅很拥挤、稠密的图。把不需要修改的图层全锁定，这样就不用担心错误地改动某些实体。

9. 打印图层

在【图层特性管理器】对话框中，单击【打印】图标 或 ，可以设置图层是否被打印。当显示 图标时，该图层允许被打印，再次单击时将显示 图标，即该图层禁止打印。当禁止某个图层的打印后，该图层仍然可显示和编辑，仅仅是不能打印。

注意：已关闭和冻结的图层也不能打印，被锁定的图层只要没有关闭打印就可以打印。

10. 当前层

绘图操作只在当前层上进行，当前层只能有一个，不能被冻结或关闭。在当前层上用户可以对位于不同图层上的实体进行编辑操作。

上机实践

1. 以文件 acadiso.dwt 为样板绘制新图形，并对其进行如下设置：

绘图单位：将长度单位设为小数，精度为小数点后 1 位；将角度单位设为【度/分/秒】，精度为 0d00′（即精确到秒），其余设置均采用默认设置。

图形界限：将图形界限设为横装 A2 图幅（尺寸为 594 mm×420 mm），并使所有图形界限有效。

保存图形：将图形以 A2 为文件名保存。

2. 请按如下要求设置图层，并按线型要求在不同的图层绘制图 2-11（不标注尺寸）。

图层名称	颜 色	线 型	线 宽
尺寸线	蓝色	Continuous	0.18
轮廓线	黑色	Continuous	0.30
剖面线	黄色	Continuous	0.18
虚线	紫色	ACAD-ISO002W100	0.18
中心线	红色	CNTER	0.18

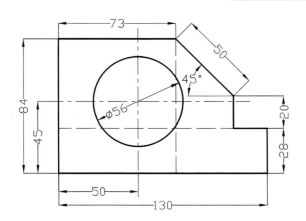
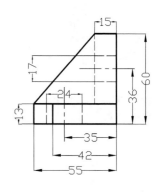
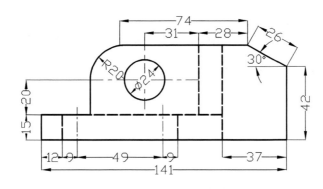

图 2-11 按图层要求绘制图形

3. 按图层要求绘制图 2-12,并对图层进行关闭、打开、冻结、解冻、锁定及解锁操作,并在不同状态下执行移动等编辑操作,完成后观察操作结果。

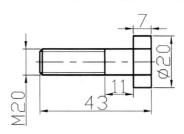

图 2-12 题 3 图

第 3 章

精确绘图

本章学习的主要内容:
- 掌握捕捉和栅格功能;
- 掌握正交功能;
- 掌握对象捕捉和对象追踪的设置和应用;
- 掌握图形的显示控制,其中包括:实时缩放、窗口缩放、返回缩放、平移图形。

3.1 捕捉和栅格功能

3.1.1 栅格显示

1. 输入命令

① 状态栏:单击【栅格】按钮▦。
② 菜单栏:选择【工具】|【绘图设置】命令。
③ 功能键:按 F7 键。
④ 命令行:输入 DSETTINGS 命令。

2. 操作格式

将光标放在状态栏中的【栅格】按钮▦上右击(单击右键),选择快捷菜单中的【设置】命令,将出现【草图设置】对话框,打开【捕捉和栅格】选项卡,设置如图 3-1 所示栅格间距,单击【确定】按钮。

3.1.2 栅格捕捉

1. 输入命令

① 命令行:键入 SNAP 命令。
② 状态栏:单击【捕捉】按钮▥。
③ 菜单栏:选择【工具】|【绘图设置】命令。
④ 功能键:按 F9 功能键。

第3章 精确绘图

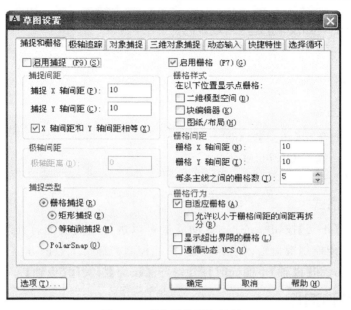

图3-1 【草图设置】对话框

2. 操作格式

将光标放在状态栏中的【捕捉】按钮上右击,选择快捷菜单中的【设置】命令,将出现【草图设置】对话框,打开【捕捉和栅格】选项卡,选择【启用捕捉】复选项,并设置如图3-2所示的捕捉间距,单击【确定】按钮。

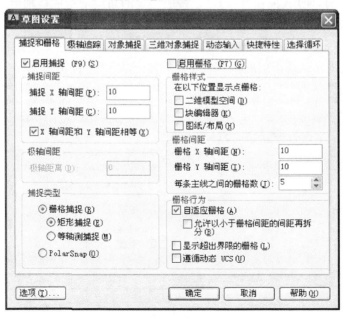

图3-2 【栅格捕捉】选项卡

3.2 正交与极轴追踪功能

3.2.1 正交

1. 输入命令

① 状态栏:单击【正交】按钮 。
② 命令行:输入 ORTHO 命令。
③ 功能键:按 F8 功能键。

2. 操作格式

通过单击【正交】按钮 或按 F8 功能键可以进行正交功能打开与关闭的切换,【正交】模式不能控制键盘输入点的位置,只能控制光标拾取点的方位。

【正交】模式和【极轴】不能同时打开,打开【正交】将关闭【极轴】。

3.2.2 极轴追踪

1. 输入命令

① 状态栏:单击【极轴追踪】按钮 。
② 功能键:按 F10 功能键。

2. 操作格式

创建对象时,使用【极轴追踪】可以按照一定的角度增量或极轴增量追踪特征点。
启用和设置【极轴追踪】的方法如下:

① 在图 3-1 中选择【极轴追踪】选项卡,设定极轴距离从而确定极轴增量。
② 选择【极轴追踪】选项卡,如图 3-3 所示,可以设置增量角确定极轴角,以显

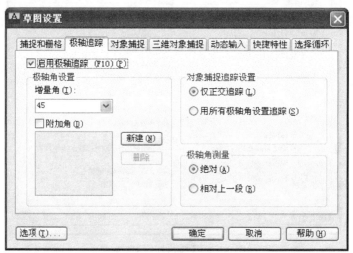

图 3-3 【极轴追踪】选项卡

示由指定的极轴角所定义的临时对齐路径。

③ 选择【启用极轴追踪】复选项,启用【极轴追踪】命令。

④ 单击【确定】按钮。

3.3 对象捕捉及自动捕捉

3.3.1 对象捕捉

1. 输入命令

① 状态栏:单击【对象捕捉】按钮。

② 功能键:按 F3 功能键。

2. 操作格式

【对象捕捉】是指将点自动定位到与图形中相关的关键点上,如线段端点、圆或圆弧圆心等。将【草图设置】对话框的【对象捕捉】选项卡设置为当前,选择各关键点前的复选框,即开启该点捕捉功能,如图 3-4 所示。

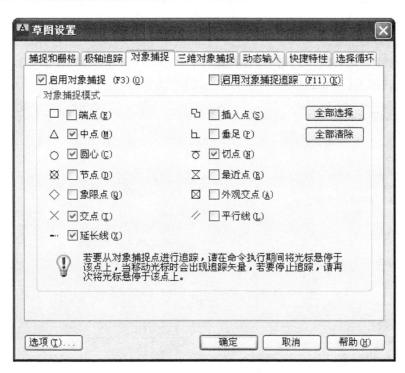

图 3-4 【对象捕捉】选项卡

AutoCAD 已将各种【对象捕捉】按钮集中在【对象捕捉】工具栏上,右击任何工具栏,然后选择快捷菜单上的【对象捕捉】,【对象捕捉】工具栏就会显示出来,如

图 3-5 所示。

图 3-5 【对象捕捉】工具栏

3.3.2 自动捕捉

自动捕捉:对【对象捕捉】起辅助作用的直观工具按钮,它使对象的捕捉更具成效。

自动捕捉包括以下内容:

① 标记:在对象捕捉位置显示一个符号作为标记。

② 显示自动捕捉工具提示:在对象捕捉位置所显示的光标处标识对象捕捉类型。

③ 磁吸:当光标靠近捕捉点时,光标会自动锁定在捕捉点上。

④ 靶框:光标周围的方框,用于定义框中的区域,可以显示和关闭靶框,也可以调整靶框的大小。

设置的步骤如下:

① 选择【工具】|【选项】命令,或在命令行中输入 options,弹出【选项】对话框。

② 在弹出的【选项】对话框中选择【绘图】选项卡,如图 3-6 所示。

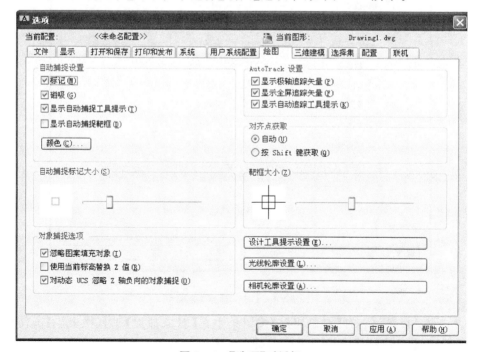

图 3-6 【选项】对话框

③ 在【绘图】选项卡中选择或去除各项自动捕捉投置,可以改变自动捕捉标记的大小和颜色,也可以调整框的大小,单击【确定】按钮完成设置。

3.4 对象追踪

对象追踪包括极轴追踪和对象捕捉追踪两种方式。应用极轴追踪可以在设定的角度线上精确移动光标和捕捉任意点。对象捕捉追踪是对象捕捉与极轴追踪功能的综合,也就是说可以通过指定对象点及指定角度线的延长线上的任意点来进行捕捉。

使用对象捕捉追踪,可以沿着基于对象捕捉点的对齐路径进行追踪。已获取的点将显示一个小加号(＋),一次最多可以获取 7 个追踪点,获取点之后,当在绘图路径上移动光标时,将显示相对于获取点的水平、垂直或极轴对齐路径。例如,可以基于对象端点、中点,或者对象的交点,沿着某个路径选择一点。

用此功能前必须先设置捕捉方式,执行时,当靠近指定的捕捉模式时就显示当前十字光标离焦点的距离和角度,并显示一条表示追踪路径的虚线,其效用与极轴追踪一致。在极轴追踪的选项,仅显示所有极轴角的追踪路径。

对象捕捉追踪功能也在【草图设置】对话框【对象捕捉】选项卡中进行设置,在该选项卡右上角有一个【启动对象捕捉追踪】复选项,选择该复选项,即可执行对象功能。

3.5 图形的显示控制

在 AutoCAD 中,可以通过缩放视图来观察图形对象。当对图形进行细微观察时,可适当放大视图比例,以显示图形中的细节部分;当需要观察全部图形时,可适当缩小比例以显示图形的全貌。在绘制较大的图形,或者放大视图显示比例时,还可以随意移动视图的位置,以显示要查看的部位。

显示控制只改变图形在屏幕上显示的大小,图像的真实尺寸保持不变。

利用 3D 鼠标控制图形显示,当鼠标的中键滚轮向前滚动时图形放大,向后滚动时图形缩小;按下滚轮移动鼠标时,图形平移;按下 Ctrl 键并滚动鼠标时,图形自动平移;双击鼠标中键滚轮显示全部图形。

对图形显示的控制主要包括:实时缩放、窗口缩放和平移操作。利用工具栏对图形显示控制,如图 3-7 所示。

图 3-7 缩放工具栏

3.5.1 实时缩放

操作格式

命令:'_zoom

指定窗口的角点,输入比例因子(nX 或 nXP),或者[全部(A)/中心(C)/动态(D)/范围(E)/上一个(P)/比例(S)/窗口(W)/对象(O)]〈实时〉:

//按 Esc 或 Enter 键退出,或右击显示快捷菜单

执行命令后,光标显示为放大镜图标,按住鼠标左键往上移动图形则放大显示;往下移动图形则缩小显示。

3.5.2 窗口缩放

窗口缩放是指放大指定矩形窗口中的图形,使其充满绘图区。

1. 输入命令

① 菜单栏:选择【视图】|【缩放】|【窗口】命令。
② 命令行:在命令行输入 ZOOM 并按 Enter 键。
③ 工具栏:单击缩放工具栏中的 按钮。

2. 操作格式

命令:'_zoom

指定窗口的角点,输入比例因子 (nX 或 nXP),或者[全部(A)/中心(C)/动态(D)/范围(E)/上一个(P)/比例(S)/窗口(W)/对象(O)]〈实时〉:_w

指定第一个角点:

指定对角点:

执行前项命令之后,单击(鼠标左键)确定放大显示的第一个角点,然后拖动框选要显示在窗口中的图形,再单击确定对角点,即可将图形放大显示。

执行 Z 命令后按 Enter 键,再输入 W 命令,即可按操作格式①执行,完成窗口缩放。

3.5.3 返回缩放

返回缩放是指返回到前面显示的图形视图。

1. 输入命令

① 菜单栏:选择【视图】|【缩放】|【上一个】命令。
② 命令行:在命令行输入 ZOOM 并按 Enter 键。

2. 操作格式

命令：‾_zoom

指定窗口的角点，输入比例因子（nX 或 nXP），或者[全部(A)/中心(C)/动态(D)/范围(E)/上一个(P)/比例(S)/窗口(W)/对象(O)]〈实时〉：_p

执行工具栏中的按钮，可快速返回上一个状态。

执行 Z 命令后，按 Enter 键后，输入 P 命令，即返回上一个状态。

3.5.4 平移图形

实时平移可以在任何方向上移动观察图形。

1. 输入命令

① 菜单栏：选择【视图】|【平移】命令。
② 命令行：在命令行输入 PAN/－PAN(或 P/－P)并按 Enter 键。
③ 工具栏：单击标准工具栏中的 按钮。

2. 操作格式

命令：‾_pan

按 Esc 或 Enter 键退出，或右击显示快捷菜单。

执行上面的命令之一，光标显示为一个小手，拖动(按住鼠标左键移动)即可实时平移图形。

3.6 计算和查询

在绘图工作中，需要查询距离、面积、周长等图形信息时，AutoCAD 提供了能够获取信息的方法。测量工具栏和查询工具栏如图 3-8 所示。

(a)【测量】工具工具栏　　　　(b)【查询】工具栏

图 3-8　【测量工具】和【查询】工具栏

3.6.1 计算距离和面积

1. 计算距离

计算给定两点之间的距离和有关角度,通过以下方式进行:

① 菜单栏:选择【工具】|【查询】|【距离】命令。
② 工具栏:单击工具栏中的 按钮。
③ 命令行:输入 dist 命令并按 Enter 键。

例 3-1 计算如图 3-9 所示直线距离。

命令:_measuregeom
输入选项 [距离(D)/半径(R)/角度(A)/面积(AR)/体积(V)]〈距离〉:_distance
指定第一点:_endp 于
指定第二个点或 [多个点(M)]:_endp 于
距离 = 30.0000,XY 平面中的倾角 = 60,与 XY 平面的夹角 = 0
X 增量 = 15.0000,Y 增量 = 25.9808,Z 增量 = 0.0000
输入选项 [距离(D)/半径(R)/角度(A)/面积(AR)/体积(V)/退出(X)]〈距离〉:A
选择圆弧、圆、直线或〈指定顶点〉:
选择第二条直线:
角度 = 60°
输入选项 [距离(D)/半径(R)/角度(A)/面积(AR)/体积(V)/退出(X)]〈角度〉:*取消*

上面的结果说明:点 A 与点 B 之间的距离是 30.0000,这两点的连接在 OXY 面上的投影与 Y 轴正方向的夹角为 60°,与 OXY 平面的夹角为 0°,这两点在 X、Y、Z 方向上的增量(即坐标差)分别为 15.0000、25.9808、0.0000。

2. 计算面积

计算以若干个点为顶点的多边形区域或由指定对象所围成区域的面积与周长,可以通过下列三种方式执行:

① 菜单栏:选择【工具】|【查询】|【面积】命令。
② 工具栏:单击查询工具栏中的 按钮。
③ 命令行:输入 area 命令并按 Enter 键。

例 3-2 求以指定点为顶点所构成的七边形的面积与周长,七边形如图 3-10 所示。

命令:_measuregeom
输入选项 [距离(D)/半径(R)/角度(A)/面积(AR)/体积(V)]〈距离〉:_area
指定第一个角点或 [对象(O)/增加面积(A)/减少面积(S)/退出(X)]〈对象(O)〉:_endp 于
　　　　　　　　　　　　　　　　　　　　　　　　　　　　　　　　//点击 A 点
指定下一个点或 [圆弧(A)/长度(L)/放弃(U)]:_endp 于　　//点击 B 点
指定下一个点或 [圆弧(A)/长度(L)/放弃(U)]:_endp 于　　//点击 C 点
指定下一个点或 [圆弧(A)/长度(L)/放弃(U)/总计(T)]〈总计〉:_endp 于　　//点击 D 点

指定下一个点或 [圆弧(A)/长度(L)/放弃(U)/总计(T)] 〈总计〉:_endp 于 //点击 E 点
指定下一个点或 [圆弧(A)/长度(L)/放弃(U)/总计(T)] 〈总计〉:_endp 于
指定下一个点或 [圆弧(A)/长度(L)/放弃(U)/总计(T)] 〈总计〉:_endp 于
指定下一个点或 [圆弧(A)/长度(L)/放弃(U)/总计(T)] 〈总计〉:
区域 = 8277.6408, 周长 = 334.0905
输入选项 [距离(D)/半径(R)/角度(A)/面积(AR)/体积(V)/退出(X)] 〈面积〉: *取消*

例 3-3 查询如图 3-11 所示的椭圆面积与周长。

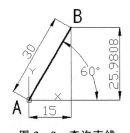 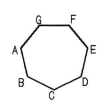 

图 3-9 查询直线　　　图 3-10 利用角点查询　　　图 3-11 利用对象查询
距离示例　　　　　　七边形面积、周长示例　　　椭圆面积、周长示例

命令:_measuregeom
输入选项 [距离(D)/半径(R)/角度(A)/面积(AR)/体积(V)] 〈距离〉:_area
指定第一个角点或 [对象(O)/增加面积(A)/减小面积(S)/退出(X)] 〈对象(O)〉: O
选择对象:
区域 = 2560.3980, 周长 = 196.4601
输入选项 [距离(D)/半径(R)/角度(A)/面积(AR)/体积(V)/退出(X)] 〈面积〉:
指定第一个角点或 [对象(O)/增加面积(A)/减小面积(S)/退出(X)] 〈对象(O)〉

3.6.2 显示点的坐标

在 AutoCAD 2013 中显示点的坐标有以下几种常用方法:

① 菜单栏:选择【工具】|【查询】|【点坐标】命令。

② 工具栏:单击【查询】工具栏中的【定位点】按钮图标 。

③ 命令行:在命令行输入 id 并按 Enter 键。

例 3-4 查询如图 3-12 所示的直线 AB 两点的点坐标。

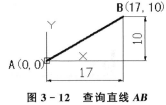

图 3-12 查询直线 AB 两点的点坐标示例

命令:_id 指定点:　　//A 点
_endp 于　X = 0.0000　Y = 0.0000　Z = 0.0000
命令:_id 指定点:　　//B 点
_endp 于　X = 17.0000　Y = 10.0000　Z = 0.0000

3.6.3 列表显示

在 AutoCAD 2013 中列表显示有以下几种常用方法：
① 菜单栏：选择【工具】|【查询】|【列表显示】命令。
② 工具栏：单击【查询】工具栏中的【列表显示】按钮 。
③ 命令行：在命令行输入 list 并按 Enter 键。

例 3-5 查询如图 3-13 所示的圆的数据信息。

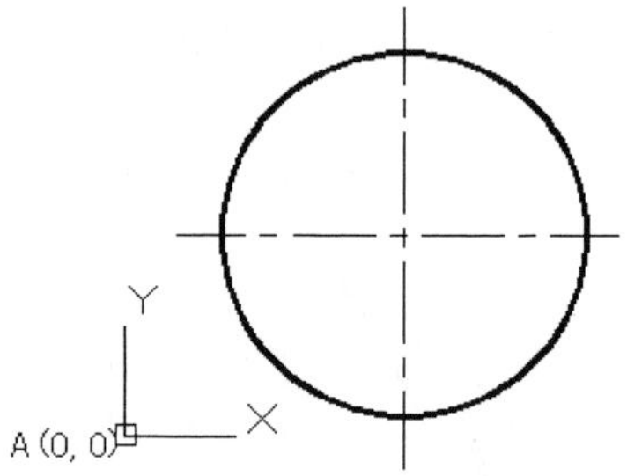

```
命令：_list
选择对象：找到 1 个              //选择圆
选择对象：圆                     //按 Enter 键
        图层："轮廓线"
        空间：模型空间
        句柄 = 3366
        圆心 点, X = 21.5000   Y = 15.5000   Z = 0.0000
        半径    14.0801
        周长    88.4681
        面积    622.8207
```

图 3-13 查询圆的数据信息示例

输入命令后，屏幕上弹出如图 3-14 所示对话框。

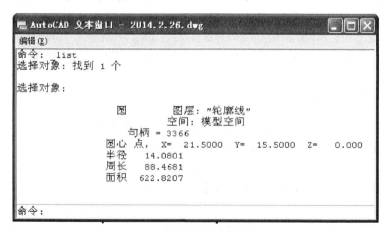

图 3-14 【文本窗口】对话框

例 3-6 查询如图 3-15 所示图形以下信息：
① 公切线的长度及角度；
② 小六边形周长及面积。

查询步骤如下：

① 在命令行输入 list 并按 Enter 键，选择公切线按 Enter 键即可。图 3-15 中，长度为 169.7056，在 OXY 平面中，角度为 166°，如图 3-16 所示。

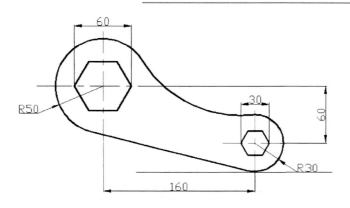

图3-15 查询零件图测量信息示例

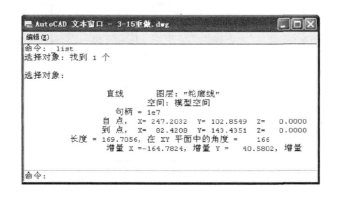

图3-16 【文本窗口】对话框1

② 在命令行输入 list 并按 Enter 键,选择小六边形后按 Enter 键,从弹出窗口中可看到其周长和面积。六边形面积为 584.5671,周长为 90.0000,如图 3-17 所示。

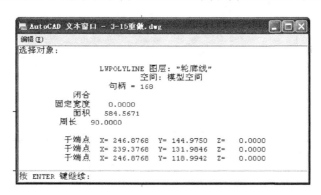

图3-17 【文本窗口】对话框2

上机实践

1. 利用捕捉模式、栅格显示功能绘制图 3-18 所示图形。

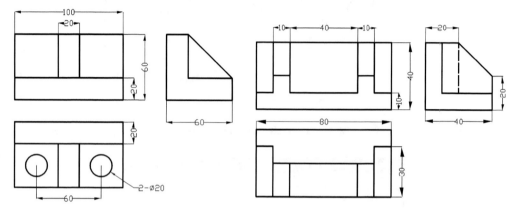

图 3-18 题 1 图

2. 利用对象追踪功能绘制图 3-19 所示图形(虚线表示图形之间的对应关系,未注尺寸由读者自定)。

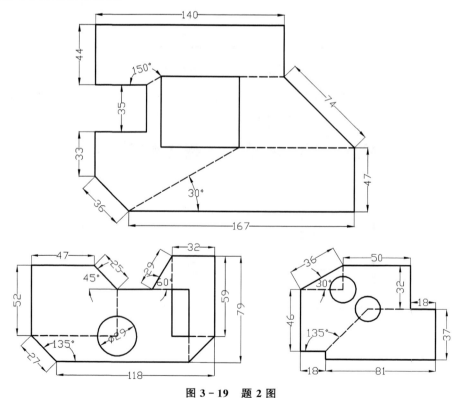

图 3-19 题 2 图

3. 利用绘图辅助工具精确绘制图 3-20 所示图形(不标尺寸)。

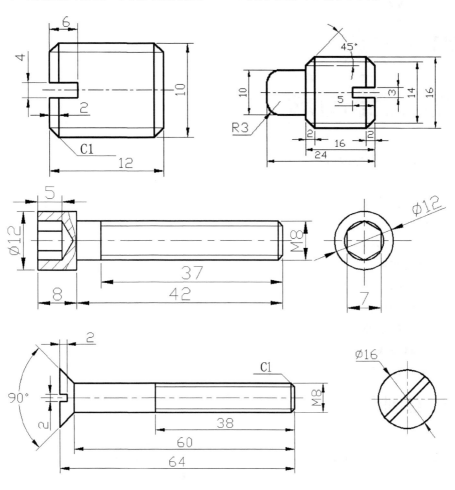

图 3-20 题 3 图

4. 利用对象捕捉功能精确定位绘制图 3-21 图形。

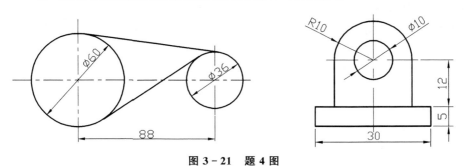

图 3-21 题 4 图

第 4 章

绘制二维图形

本章学习的主要内容:
- 绘制点;
- 绘制构造线;
- 绘制多段线;
- 绘制正多边形;
- 绘制矩形;
- 绘制圆弧;
- 绘制椭圆;
- 绘制样条曲线;
- 绘制多线;
- 绘制云状线。

4.1 绘制点

4.1.1 设置点的样式

在 AutoCAD 系统默认情况下绘制的点显示为一个小黑点,不便于观察,因此,在绘制点之前一般要设置点样式。

① 命令行:在命令行输入 DDPTYPE 并按 Enter 键。

② 菜单栏:选择【格式】|【点样式】命令。

执行以上任意一种操作,系统将弹出如图 4-1 所示的对话框。

如图 4-1 所示,用户可以在其中选择任意一种点样式。

操作步骤:执行【点样式】命令,系统打

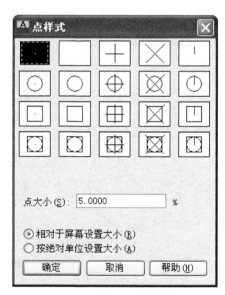

图 4-1 【点样式】对话框

开【点样式】对话框。

对话框各选项功能如下:
① 提供了20种点样式,可以从中任选一种。
②【点大小】用于确定所选点的大小尺寸。
③【相对于屏幕设置大小】即点的尺寸是随绘图区的变化而改变。
④【用绝对单位设置大小】即点的尺寸大小不变。
设置样式后,单击【确定】按钮,完成操作。

4.1.2 绘制单点或多点

1. 绘制单点

该命令执行一次只能绘制一个点,在AutoCAD 2013中绘制单点有两种常用方法:
① 命令行:在命令行输入POINT/PO并按Enter键。
② 菜单栏:选择【绘图】|【点】|【单点】命令。

执行以上任意一种命令后移动光标到合适位置,单击光标即可创建单点。

2. 绘制多点

绘制多点就是执行一次命令后可以连续绘制多个点,直到按Esc键结束命令为止。在AutoCAD 2013中绘制多点有以下两种常用方法:
① 工具栏:单击【绘图】工具栏中的 · 按钮。
② 菜单栏:选择【绘图】|【点】|【多点】命令。

执行以上任意一种命令后移动光标到合适位置,单击光标即可创建多点。

4.1.3 绘制定数等分点

绘制定数等分就是将指定的对象以一定的数量进行等分,在AutoCAD 2013中执行【定数等分】命令有以下两种常用方法:
① 命令行:在命令行输入DIVIDE/DIV并按Enter键。
② 菜单栏:选择【绘图】|【点】|【定数等分】命令。

例 4-1 将已知线段分为3等分,如图4-2所示。

命令:_divide
选择要定数等分的对象:
输入线段数目或块[B]:3

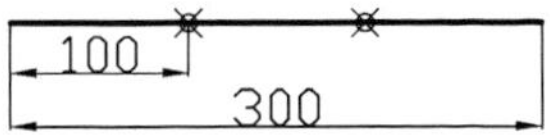

图 4-2 定数等分对象

按Enter键,完成定数等分。

4.1.4 绘制定距等分点

绘制定距等分就是将指定的对象按确定的长度进行等分。

与定数等分不同的是：

如果指定的对象不能被指定长度整除，则最后一段为剩余线段。定距等分拾取对象时，光标靠近对象哪一端，就从哪一端开始等分。

在 AutoCAD 2013 中执行定距等分有以下两种常用方法：

① 命令行：在命令行输入 MEASURE/ME 并按 Enter 键。

② 菜单栏：选择【绘图】|【点】|【定距等分】命令。

例 4-2 将已知线段分为每段 80，如图 4-3 所示。

命令:_measure
选择要定距等分的对象://选择需要绘制定距等分的线段
指定线段长度或[块]:80
//按 Enter 键，完成定距等分

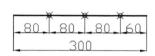

图 4-3 绘制定距等分点

如果默认状态下的点样式过小，不易观察结果，可以重新设置点样式。

4.2 绘制射线和构造线

射线是一条只有一个端点，另一端无限延长的直线。构造线是一条向两个方向无限延长的直线。在 AutoCAD 中射线与构造线一般都作为参照线来使用。

4.2.1 绘制射线

在 AutoCAD 2013 中绘制射线有以下两种常用方法：

① 命令行：在命令行输入 RAY 并按 Enter 键。

② 菜单栏：选择【绘图】|【射线】命令。

在绘图区域指定起点和通过点即可绘制射线，也可以绘制经过相同起点的多条射线，直到按 Esc 键或按 Enter 键退出为止。

4.2.2 绘制构造线

构造线可以放置在三维空间的任何地方，可以使用多种方法指定它的方向。该命令执行方法如下：

① 菜单栏：选择【绘图】|【构造线】命令。

② 工具栏：单击【绘图】工具栏中的 按钮。

③ 命令行：在命令行输入 XLINE 或 XL 并按 Enter 键。

创建构造线的默认方法是两点法：指定两点定义方向。调用构造线命令后出现如下多个选项。

1. 水平构造线

该选项用于绘制通过指定点并与当前 UCS 的 X 轴并行的构造线。绘制水平构造线的具体操作命令行提示如下：

```
命令:_xline
指定点或[水平(H)/垂直(V)/角度(A)/二等分(B)/偏移(O)]:H   //在该提示下输入 H 即
                                                      //选取水平构造线
指定通过点://确定绘制水平构造线通过的点
指点通过点://继续绘制或按 Enter 键结束命令
```

在此提示下用户可以用光标在屏幕上拾取任一点，或直接输入该点的坐标并按 Enter 键。AutoCAD 将继续给出【指定通过点】提示，可以继续确定第二条水平构造线通过的点，绘制完成后按 Enter 键，结束水平构造线的绘制。

2. 垂直构造线

该选项用于绘制通过指定点与当前 UCS 的 Y 轴并行的构造线。具体操作步骤除在第二步选项命令中输入 V 外，其余步骤与水平构造线完全相同。如图 4-4 所示为通过 A 点的水平构造线和垂直构造线。

3. 角度构造线

该选项用于绘制通过指定点来创建与水平轴 X 轴成指定角度的构造线。绘制角度构造线的具体操作步骤如下：

```
命令:_xline
指定点或[水平(H)/垂直(V)/角度(A)/二等分(B)/偏移(O)]:A   //在该提示下输入 A
                                                      //即选取构造线角度
输入构造线的角度(0)或[参照(R)]:   45       //直接输入角度并按 Enter 键
指定通过点:                                //指定角度构造线通过顶点
指定通过点:                                //继续绘制或按 Enter 键结束命令
```

绘制角度构造线如图 4-5 所示。

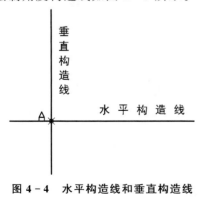

图 4-4　水平构造线和垂直构造线

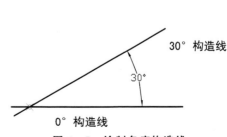

图 4-5　绘制角度构造线

第4章　绘制二维图形

4. 二等分构造线

该选项用于绘制平行于指定角的二等分构造线,如图4-6所示。

命令:_xline
指定点或[水平(H)/垂直(V)/角度(A)/二等分(B)/偏移(O)]:B
指定角的顶点:　　　　　　//指定角的顶点A
指定角的起点:　　　　　　//指定角的起点B
指定角的端点:　　　　　　//指定角的端点C
指定角的端点:　　　　　　//继续绘制等分构造线或按Enter键结束命令

5. 偏移构造线

该选项用于绘制平行于指定基线的相距指定的距离的构造线,首先要指定偏移距离,最后指明构造线位于基线的哪一侧,如图4-7所示。

绘制偏移构造线的具体步骤如下:

命令:_xline
指定点或[水平(H)/垂直(V)/角度(A)/二等分(B)/偏移(O)]:o
指定偏移距离或[通过(T)]〈通过〉:5
选择直线对象://选定所要偏移的直线
指定向哪侧偏移://选取所要偏移直线的两侧中的一侧
选择直线对象://继续选择直线对象或按Enter键结束命令

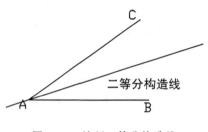
图4-6　绘制二等分构造线

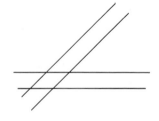
图4-7　绘制偏移构造线

4.3　绘制多段线

多段线是一种可以由直线、圆弧组成的可以设置宽度的组合体,一次绘制的多段线为一个实体,可以用分解命令分解成多个直线或圆弧实体,在绘图中应用非常广泛。

执行多段线命令的方法如下:

① 菜单栏:选择【绘图】|【多段线】命令。
② 工具栏:单击【绘图】工具栏中的 按钮。
③ 命令行:在命令行输入PLINE并按Enter键。

命令:_pline
指定起点:适当位置定一点
当前线宽为0.0000
指定下一点或[圆弧(A)/半宽(H)/长度(L)/放弃(U)/宽度(W)]:

例 4-3 用多段线命令绘制从 P0 到 P3 的图形,如图 4-8 所示。

命令:PLINE
指定起点:适当位置拾取点 P0
当前线宽为0.0000
指定下一点或[圆弧(A)/半宽(H)/长度(L)/放弃(U)/宽度(W)]:W
指定起点宽度〈0.0000〉:2
指定端点宽度〈2.0000〉:2
指定下一点或[圆弧(A)/半宽(H)/长度(L)/放弃(U)/宽度(W)]:@0,20
指定下一点或[圆弧(A)/半宽(H)/长度(L)/放弃(U)/宽度(W)]:A

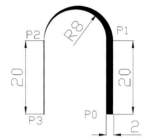

图 4-8 绘制多段线

指定圆弧的端点或[角度(A)/圆心(CE)/闭合(CL)/方向(D)/半宽(H)/直线(L)/半径(R)/第二个点(S)/放弃(U)/宽度(W)]:W
指定起点宽度〈3.0000〉:2
指定端点宽度〈3.0000〉:0
指定圆弧的端点或[角度(A)/圆心(CE)/闭合(CL)/方向(D)/半宽(H)/直线(L)/半径(R)/第二个点(S)/放弃(U)/宽度(W)]:@-16,0
指定圆弧的端点或[角度(A)/圆心(CE)/闭合(CL)/方向(D)/半宽(H)/直线(L)/半径(R)/第二个点(S)/放弃(U)/宽度(W)]:L
指定下一点或[圆弧(A)/闭合(CL)/半宽(H)/长度(L)/放弃(U)/宽度(W)]:@0,-20
指定下一点或[圆弧(A)/闭合(CL)/半宽(H)/长度(L)/放弃(U)/宽度(W)]:

结束命令。

4.4 绘制正多边形

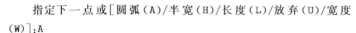

正多边形命令用于绘制由三条或三条以上长度相等的线段首尾相接形成的闭合图形。其边长在 3~1 024 之间,如图 4-9 所示。

在 AutoCAD 2013 中绘制射线,有以下几种常用方法:

① 菜单栏:选择【绘图】|【正多边形】命令。
② 工具栏:单击【绘图】工具栏中的⬠按钮。
③ 命令行:在命令行输入 POLYGON/POL 并按 Enter 键。

在 AutoCAD 中绘制一个正多边形,需要指定其边数、位置和大小三个参数。正多边形通常有唯一的外接圆和内接圆。外接/内切圆的圆心决定了正多边形的位置。

正多边形的边长或者外接/内切圆的半径决定了正多边形的大小。

4.4.1 边长方式

例 4-4 利用边长方式作正六边形，边长 E 为 10，如图 4-9 所示。

命令:_polygon
输入侧面数<4>:6   //输入边的数目为 6
多边形的中心点或[边(E)]:   //输入 E
指定边的第一个端点: //输入边的第一个端点 P1
指定边的第二个端点: //输入边的第二个端点 P2

4.4.2 内接圆方式

例 4-5 利用内接圆方式作正六边形，圆的半径为 9，如图 4-10 所示。

命令:_polygon
输入侧面数<4>:6   //输入边的数目为 6
指定多边形的中心点或[边(E)]: P1
输入选项[内接于圆(I)/外切于圆(C)]<I>:   //<I>为默认值
指定圆的半径:9   //输入圆的半径

结果按内接圆方式绘制多边形。

4.4.3 外切圆方式

例 4-6 利用外切圆方式作正六边形，圆的半径为 9，如图 4-11 所示。

命令:_polygon
输入侧面数<4>:6
指定多边形的中心点或[边(E)]:   //指定多边形的中心点 P1
输入选项[内接于圆(I)/外切于圆(C)]<I>:   //输入 C
指定圆的半径:9   //输入圆的半径

结果按外切圆方式绘制多边形。

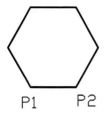
图 4-9 边长方式作
正六边形

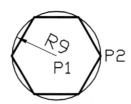
图 4-10 内接圆作
正六边形

图 4-11 外切圆作
正六边形

4.5 绘制矩形

在 AutoCAD 2013 中绘制矩形,可以为其设置倒角、圆角以及宽度和厚度等参数,绘制矩形有以下几种常用方法:

① 菜单栏:选择【绘图】|【矩形】命令。
② 工具栏:单击【绘图】工具栏中的 □ 按钮。
③ 命令行:在命令行输入 RECTANG/REC 并按 Enter 键。

使用以上任意一种方法启动绘制命令后,命令行提示如下:

指定第一个角点或[倒角(C)/标高(E)/圆角(F)/厚度(T)/宽度(W)]:

其中各选项的定义如下:

【倒角(C)】 绘制一个带倒角的矩形。
【标高(E)】 矩形的高度。默认情况下,矩形在 OXY 平面内。该选项一般用于三维绘图。
【圆角(F)】 绘制带圆角的矩形。
【厚度(T)】 矩形的厚度,该选项一般用于三维绘图。
【宽度(W)】 定义矩形的宽度。

例 4-7 绘制倒角为 0,圆角为 0 的矩形,如图 4-12 所示。绘制倒角为 3 的矩形,如图 4-13 所示。

```
命令:_rectang
指定第一个角点或 [倒角(C)/标高(E)/圆角(F)/厚度(T)/宽度(W)]:C
指定矩形的第一个倒角距离 <0.0000>:0
指定矩形的第二个倒角距离 <0.0000>:0
指定第一个角点或 [倒角(C)/标高(E)/圆角(F)/厚度(T)/宽度(W)]:F
指定矩形的圆角半径 <0.0000>:0
指定第一个角点或 [倒角(C)/标高(E)/圆角(F)/厚度(T)/宽度(W)]:
                                      //在图 4-12 上指定一角点 A
指定另一个角点或 [面积(A)/尺寸(D)/旋转(R)]:   //在图 4-12 上指定另一角点 B
命令:
命令:_rectang
指定第一个角点或[倒角(C)/标高(E)/圆角(F)/厚度(T)/宽度(W)]:C
指定矩形的第 1 个倒角距离<0.00>:3                //输入第一个倒角距离 3
指定矩形的第 2 个倒角距离<0.00>:3                //输入第一个倒角距离 3
指定第一个角点或[倒角(C)/标高(E)/圆角(F)/厚度(T)/宽度(W)]:  //拾取第一个角点 A
指定另一个角点或[面积(A)/尺寸(D)/旋转(R)]:     //拾取另一个对角点 B,完成矩形
```

例 4-8 绘制圆角为 3 的矩形,如图 4-14 所示。

```
命令:_rectang
```

第4章 绘制二维图形

指定第一个角点或[倒角(C)/标高(E)/圆角(F)/厚度(T)/宽度(W)]:F
指定矩形的圆角半径<0.00>:3　　　　　　　　　//输入矩形的圆角半径 3
指定第一个角点或[倒角(C)/标高(E)/圆角(F)/厚度(T)/宽度(W)]:　//拾取第一个角点 A
指定另一个角点或[面积(A)/尺寸(D)/旋转(R)]:　//拾取另一个对角点 B,完成矩形

注意:当输入的半径大于矩形边长时,倒圆角不会生成。

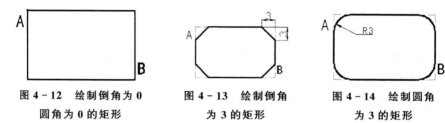

图 4-12　绘制倒角为 0　　图 4-13　绘制倒角　　图 4-14　绘制圆角
　　圆角为 0 的矩形　　　　　　为 3 的矩形　　　　　　为 3 的矩形

4.6 绘制圆弧

在 AutoCAD 2013 中绘制圆弧有以下几种常用方法:
① 菜单栏:选择【绘图】|【圆弧】命令。
② 工具栏:单击【绘图】工具栏中的 按钮。
③ 命令行:在命令行输入 ARC 并按 Enter 键。
使用以上任意一种方法启动绘制命令后,命令行提示如下:

命令:_arc
指定圆弧的起点或[圆心(C)]:

圆弧的方法很多,AutoCAD 2013 提供了 11 种绘制圆弧的方式,可根据需要选用,常用的画法有以下四种。

4.6.1 三点方式

例 4-9　三点方式绘制圆弧示例,如图 4-15 所示。

命令:_arc
指定圆弧的起点或[圆心(C)]:　　　　　　　　　//指定圆弧起点 P1
指定圆弧的第二点或[圆心(C)/端点(E)]:　　　　//指定第二点 P2
指定圆弧的端点:(指定圆弧的端点)　　　　　　//指定第三点 P3

4.6.2 起点、端点、半径方式

例 4-10　起点、端点、半径方式绘制圆弧示例,如图 4-16 所示。

命令:(从菜单选取【绘图】|【圆弧】|【起点、端点、半径】)
命令:_arc
指定圆弧的起点或[圆心(C)]:　　　　　　　　　　　　　　　//指定圆弧起点 P1

指定圆弧的起点或[圆心(C)/端点(E)]:E   //输入 E
指定圆弧的端点: //指定圆弧的端点 P2
指定圆弧的圆心或[角度(A)/方向(D)/半径(R)]: //输入 R
指定圆弧的半径:10   //输入半径 10

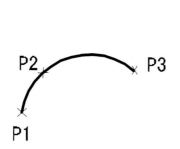

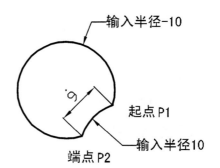

图 4-15 三点方式绘制圆弧示例　　图 4-16 起点、端点、半径绘制圆弧示例

4.6.3 起点、圆心、端点方式

例 4-11 起点、圆心、端点方式绘制圆弧示例,如图 4-17 所示。

命令:(从菜单栏选取【绘图】|【圆弧】|【起点、圆心、端点】)
命令:_arc
指定圆弧的起点或[圆心(C)]:   //指定圆弧起点 P1
指定圆弧的起点或[圆心(C)/端点(E)]:C   //输入 C
指定圆弧的圆心: //指定圆心
指定圆弧的端点或[角度(A)/弦长(L)]:   //指定端点 P2

4.6.4 起点、端点、角度方式

例 4-12 起点、端点、角度方式绘制圆弧示例,如图 4-18 所示。

命令:(从菜单栏选取【绘图】|【圆弧】|【起点、端点、角度】)
命令:_arc
指定圆弧的起点或[圆心(C)]:   //指定圆弧起点 P1
指定圆弧的第二点或[圆心(CE)/端点(E)]:   //指定圆弧的端点 P2
指定圆弧的圆心或[角度(A)/方向(D)/半径(R)]:(指定包含角)_a/输入圆弧包含角 120
                                                //得到上半部分圆弧

命令:(从菜单栏选取【绘图】|【圆弧】|【起点、端点、角度】)
命令:_arc
指定圆弧的起点或[圆心(C)]:   //指定圆弧起点 P1
指定圆弧的第二点或[圆心(CE)/端点(E)]:   //指定圆弧的端点 P2
指定圆弧的圆心或[角度(A)/方向(D)/半径(R)]:(指定包含角)_a/输入圆弧包含角 -120
                                                //得到下半部分圆弧

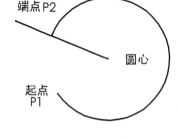
图 4-17 起点、圆心、端点
方式绘制圆弧示例

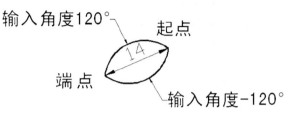
图 4-18 起点、端点、角度方式
绘制圆弧示例

4.7 绘制椭圆

绘制椭圆:椭圆是平面上到定点距离与到指定直线距离之比为常数的所有点的集合。

在 AutoCAD 2013 中绘制椭圆有以下三种常用方法:

① 菜单栏:选择【绘图】|【椭圆】命令。
② 工具栏:单击【绘图】工具栏中的 ◯ 按钮。
③ 命令行:在命令行输入 ELLIPSE/ EL 并按 Enter 键。

使用以上任意一种方法启动绘制命令后,命令行提示如下:

命令:_ellipse
指定椭圆的轴端点或[圆弧(A)/中心点(C)]:

4.7.1 轴端点方式

例 4-13 用指定端点方式绘制一个长半轴为 100、短半轴为 75 的椭圆,如图 4-19 所示。

命令:(从菜单栏选择【绘图】|【椭圆】|【轴、端点】)
指定椭圆的轴端点或[圆弧(A)/中心点(C)]://指定长轴点,单击鼠标指定椭圆的一端点
指定轴的另一个端点:@200,0 //指定长轴另一个端点
指定另一条半轴长度或[旋转(R)]:75 //指定短轴长度

4.7.2 中心点方式

例 4-14 绘制一个如图 4-20 所示的圆心坐标为(0,0),长半轴为 100,短半轴为 75 的椭圆。

命令:(从菜单栏选择【绘图】|【椭圆】|【圆心】)
指定椭圆的轴端点或[圆弧(A)/中心点(C)]://输入 C

指定椭圆中心点:(0,0)   //指定中心点。
指定轴的端点:@100,0   //指定长轴端点
指定另一条半轴长度或[旋转(R)]:@0,75   //指定短轴端点

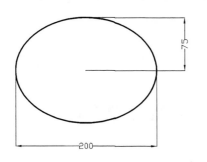

图 4-19 用指定端点方式绘制的椭圆   图 4-20 用指定圆心方式绘制的椭圆

4.8 绘制多线与多线设置

4.8.1 绘制多线

在 AutoCAD 2013 中,绘制多线可以一次绘制多条平行线,并且可以作为单一的对象对其进行编辑,有以下两种常用方法:

① 菜单栏:选择【绘图】|【多线】命令。
② 命令行:在命令行输入 MLINE /ML 并按 Enter 键。

使用以上任意一种方法启动绘制命令后,命令行提示如下:

命令:(从菜单栏选取【绘图】→【多线】)
当前设置:对正 = 上   比例 = 20.00,样式 = STANDARD
指定起点或[对正(J)/比例(S)/样式(ST)]:   //指定起点
指定下一点: //指定下一点
指定下一点或[放弃(U)]:   //指定下一点
指定下一点或[闭合(C)/放弃(U)]:   //指定下一点
指定下一点或[闭合(C)/放弃(U)]:   //按 Enter 键

4.8.2 多线设置

系统默认的多线样式称为 STADARD 样式,用户可以根据需要在如图 4-22 所示的【多线样式】对话框中创建不同的多线样式。

在 AutoCAD 2013 中进入【多线样式】对话框,有以下两种常用方法:

① 菜单栏:选择【格式】|【多线样式】命令。
② 命令行:在命令行输入 MLSTYLE 并按 Enter 键。

通过【多线样式】修改对话框可以新创建多线样式,并对其进行修改,以及重命名、加载、删除等操作。单击【新建】按钮,系统弹出【创建新的多线样式】对话框,如图4-23所示在其文本框中输入新样式的名称,单击【继续】按钮,系统打开【新建多线样式】对话框,在其中可以设置多线样式的封口、填充、元素特性等内容。

具体操作如下:

① 选择【格式】下拉菜单中的【多线样式】,出现图4-21所示对话框,单击【新建】按钮。

图4-21 【多线样式】对话框

② 在图4-22所示的对话框里输入新样式名称A-01,然后单击【继续】按钮。

③ 在图4-23所示对话框里单击【添加】按钮,可以增加一个图元素,选中该图元素,颜色选红色;线型选择 CENTER,然后再选中图元素【-0.5 BYLAYER ByLayer】,线型选择为 DASHED;在【封口】选项组里选择【外弧】。单击【线型】按钮,出现图4-24所示对话框。确认后返回到【多线样式】对话框,将新建样式 A-01 置为当前。

图4-22 【创建新的多线样式】对话框

例4-15 绘制长度为30的多线,如图4-25所示。

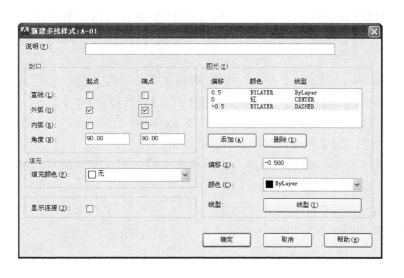

图 4-23 【创建多线样式:A-01】对话框

```
命令:_mline
当前设置:对正 = 上,比例 = 10.00,样式 = A-01
指定起点或 [对正(J)/比例(S)/样式(ST)]:S
输入多线比例<10.00>:10
当前设置:对正 = 上,比例 = 10.00,样式 = A-01
指定起点或 [对正(J)/比例(S)/样式(ST)]:
指定下一点:@30,0          //使用光标在图上合适位置选一点
指定下一点或 [放弃(U)]:    //按 Enter 键
```

图 4-24 【选择线型】对话框

图 4-25 绘制多线

4.9 绘制样条曲线

样条曲线是一种比较特殊的线条,它可以在各控制点之间生成一条光滑的曲线,主要用于创建形状不规则的曲线,如波浪线、相贯线、截交线的绘制。

第4章 绘制二维图形

样条曲线是由用户给定若干点，AutoCAD 生成的一条光滑曲线。绘制该曲线必须给定 3 个以上的点，而要想画出的样条曲线具有更多的波浪时，就要给定更多的点。

在 AutoCAD 2013 中进入样条曲线，有以下几种常用方法：

① 菜单栏：选择【绘图】|【样条曲线】|【拟合】|【控制点】命令。
② 命令行：在命令行输入 SPLINE 并按 Enter 键。
③ 工具栏：单击【绘图】工具栏中的 ～ 按钮。

例 4-16 绘制一条通过以下几点的样条曲线。图 4-26 所示为绘制样条曲线示例。

```
命令：_spline
当前设置：方式=拟合  节点=弦
指定第一个点或 [方式(M)/节点(K)/对象(O)]：0,0          //指定起点 A
输入下一个点或 [起点切向(T)/公差(L)]：100,75           //指定 B 点
输入下一个点或 [端点相切(T)/公差(L)/放弃(U)]：150,50   //指定第 C 点
输入下一个点或 [端点相切(T)/公差(L)/放弃(U)/闭合(C)]：200,75  //指定第 D 点
输入下一个点或 [端点相切(T)/公差(L)/放弃(U)/闭合(C)]：      //按 Enter 键结束指定点
```

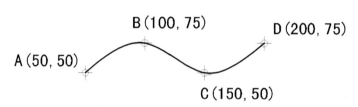

图 4-26 绘制样条曲线示例

执行以上任意一种命令后，在【绘图区】命令行将出现如下提示：

指定第一个点或[方式(M)/节点(K)/对象(O)]：

其各选项含义如下：

- 方式：通过该选项决定样条曲线的创建方式，分为【拟合】与【控制点】两种。
- 节点：通过该选项决定样条曲线节点参数化的运算方式，分为【弦】、【平方根】、【统一】三种方式。
- 对象：将样条曲线拟合多段线转换为等价的样条曲线。样条曲线拟合多段线是指使用 PEDIT 命令中，【样条曲线】选项将普通多段线转换成样条曲线的对象。

4.10 绘制云状线

修订云线是由连续圆弧组成的多段线。使用修订云线亮显要查看的图形部分 REVCLOUD 用于创建由连续圆弧组成的多段线以构成云线对象。在样式方面，可

以选择【普通】和【手绘】样式。操作过程可以通过拖动光标创建新的修订云线,也可以将闭合对象转为修订云线。

在 AutoCAD 2013 中进入修订云线,有以下几种常用方法:

① 菜单栏:选择【绘图】|【修订云线】命令。
② 命令行:在命令行输入 REVCLOUD 并按 Enter 键。
③ 工具栏:单击【绘图】工具栏中的 按钮。

例 4-17 以普通样式创建修订云线,如图 4-27 所示。

命令:_revcloud
最小弧长:200.0000   最大弧长:500.0000   样式:普通
指定起点或 [弧长(A)/对象(O)/样式(S)]〈对象〉:S
选择圆弧样式 [普通(N)/手绘(C)]〈普通〉:普通
指定起点或 [弧长(A)/对象(O)/样式(S)]〈对象〉:
沿云线路径引导十字光标... //移动光标,云状线随机绘出
修订云线完成。

例 4-18 将对象转换为修订云线,如图 4-28 所示。

(a) 对象转换前　　　　(b) 对象转换后

图 4-27　创建修订云线示例　　　图 4-28　将对象转换为修订云线示例

命令:_revcloud
最小弧长:20.0000   最大弧长:60.0000   样式:普通
指定起点或 [弧长(A)/对象(O)/样式(S)]〈对象〉:A
指定最小弧长〈20.0000〉:10
指定最大弧长〈10.0000〉:20
指定起点或 [弧长(A)/对象(O)/样式(S)]〈对象〉:O
选择对象:
反转方向 [是(Y)/否(N)]〈否〉:

转换修订云线完成。

例 4-19 使用手绘样式创建修订云线,如图 4-29 所示。

图 4-29　使用手绘样式创建修订云线示例

命令:_revcloud
最小弧长:10.0000   最大弧长:20.0000   样式:普通
指定起点或 [弧长(A)/对象(O)/样式(S)]〈对象〉:S

选择圆弧样式 [普通(N)/手绘(C)]〈普通〉:C
指定起点或 [弧长(A)/对象(O)/样式(S)]〈对象〉:
沿云线路径引导十字光标…

使用手绘样式创建修订云线完成。

上机实践

1. 练习绘制图 4-30 所示图形(不标尺寸)。

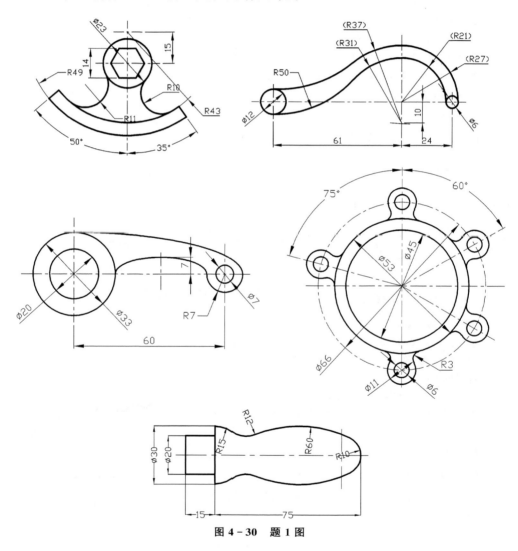

图 4-30　题 1 图

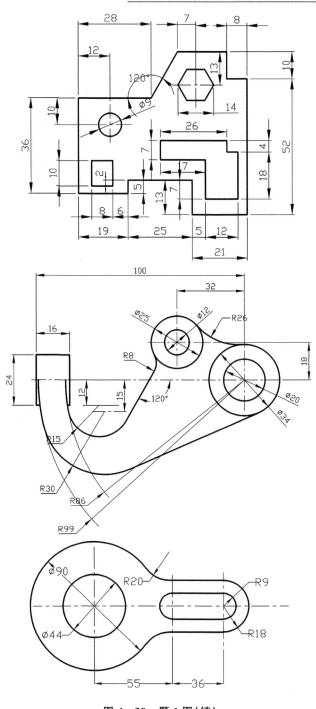

图 4-30 题 1 图(续)

第 4 章 绘制二维图形

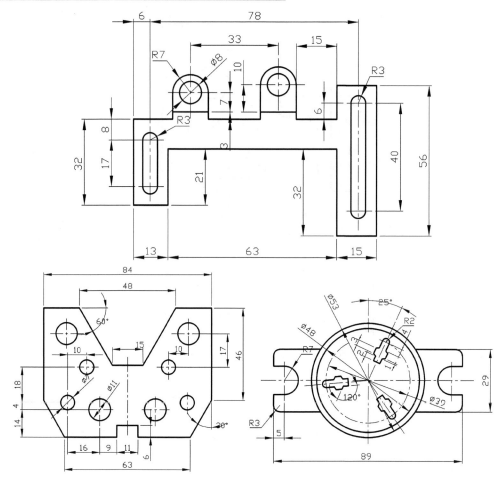

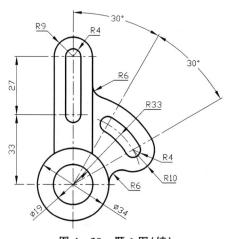

图 4-30 题 1 图(续)

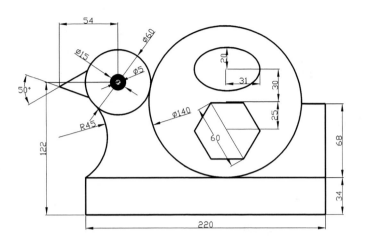

图 4-30 题 1 图(续)

2. 利用定数等分命令和环形阵列命令绘制图 4-31 所示的棘轮。

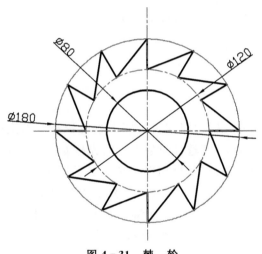

图 4-31 棘 轮

第 5 章

编辑图形

本章学习的主要内容：
- 选择对象的各种方式；
- 复制、镜像、阵列、偏移图形对象；
- 移动或旋转图形对象；
- 比例放大或缩小图形；
- 拉长或压缩图形对象；
- 修剪图形、延伸图形对象到指定的边界；
- 倒角、倒圆角、分解对象。

5.1 选择对象

在编辑图形之前,首先需要对编辑的图形进行选择。当执行编辑命令或执行其他某些命令时,系统通常提示【选择对象】,此时光标变为一个小方框。

当选择了对象之后,AutoCAD 用虚线高亮显示所选的对象,这些对象构成选择集。选择集可以包含单个对象,也可以包含复杂的对象编组。每次选定对象后,【选择对象】提示会重复出现,直至按 Enter 键或右击(单击鼠标右键)才能结束选择。

在 AutoCAD 中,选取对象的方法有很多,下面介绍几种常用的选择方法。

1. 直接选取

这是一种默认选择方式,当命令行提示【选择对象】时,移动光标,当光标压住所选择的对象时单击,该对象变为虚线表示被选中,并可以连续选择其他对象,如图 5-1 所示。

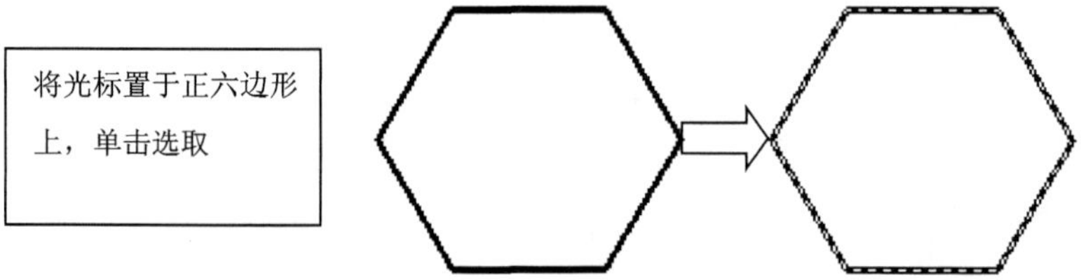

图 5-1 直接选取

2. 全部方式

当命令行提示【选择对象】时,输入 ALL 后按 Enter 键,即选中绘图区中的所有对象。

3. 窗交方式

当命令行提示【选择对象】时,在默认状态下,用光标指定窗口的一个顶点,然后拖动,再单击,确定一个矩形窗口。如果光标从左向右移动来确定矩形,则完全处在窗口内的对象被选中,如图 5-2 所示。如果光标从右向左移动来确定矩形,则完全处在窗口内的对象以及与窗口相交的对象均被选中,如图 5-3 所示。

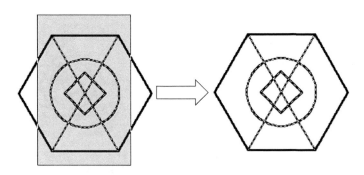

图 5-2 鼠标从左向右移动来确定矩形

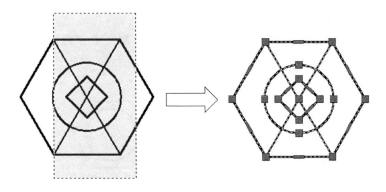

图 5-3 鼠标从右向左移动来确定矩形

4. 不规则窗口的拾取方式

当提示【选择对象】时,输入 WP(Window Polygon)后按 Enter 键,然后依次输入第一角点,第二角点……绘制出一个不规则的多边形窗口,位于该窗口内的对象即被选中,如图 5-4 所示。

5. 不规则交叉窗口的拾取方式

在【选择对象】提示下输入 CP 后按 Enter 键,接下来的操作与不规则窗口拾取

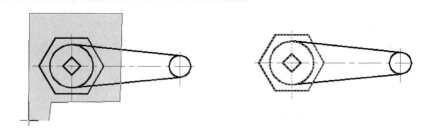

图 5-4　不规则窗口的拾取方式

方式相同。该方式的选择结果是：不规则拾取窗口内以及与该窗口边界相交的对象均被选中，如图 5-5 所示。

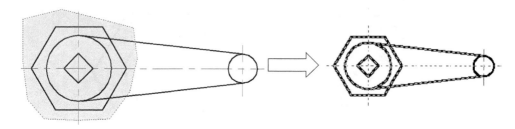

图 5-5　不规则交叉窗口的拾取方式

6. 栏选选择

当命令行提示【选择对象】时，输入 F 并按 Enter 键，在命令行提示"指定第一个栏选点：指定下一个栏选点或［放弃(U)］"时，依次绘制一条多段的折线，所有与折线相交的对象将被选中，如图 5-6 所示。

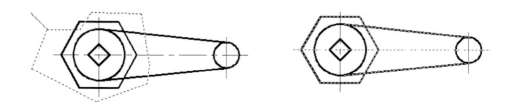

图 5-6　栏选选择

7. 上次方式

当命令行提示【选择对象】时，输入 P(Previous)后按 Enter 键，将选中在当前操作之前的操作中所设定好的对象。

8. 最后方式

当命令行提示【选择对象】时，输入 L(Last)后按 Enter 键，将选中最后绘制的对象。

9. 取消

在命令行提示【选择对象】时,输入 U(Undo)后按 Enter 键,可以消除最后选择的对象。

5.2 删除对象与取消命令

5.2.1 删除对象

在绘图过程中经常产生一些绘图辅助对象或绘制错误的图形对象,在最终输出的图纸中,这些图形是不需要的,因此在编辑的过程中就必须将其删除。该功能可以删除指定的对象。

在 AutoCAD 2013 中删除对象,有以下几种常用方法:
① 菜单栏:选择【修改】|【删除】命令。
② 命令行:在命令行输入 ERASE 或 E。
③ 工具栏:单击【修改】工具栏中的 按钮。

命令:(【修改】|【删除】)
选择对象:　　　//选择要删除的对象
选择对象:　　　//按 Enter 键或继续选择对象

结束删除命令。

根据前面所讲的选择图形对象的方法选择需要删除的图形对象。此时图形对象的删除只是临时性的删除,只要不退出 AutoCAD 和存盘,用户还可以使用 Undo 或 Oops 命令来恢复被删除的实体。其中,Oops 只能恢复最近一次删除的图形实体,若需要连续恢复,则使用 Undo 命令。

例 5-1 如图 5-7 所示的图形中由圆和内接正六边形组成,删除圆,再用 Undo 命令恢复圆。

(1) 删除

命令:(【修改】|【删除】)
选择对象:　　　//选择要删除的圆
选择对象:　　　//按 Enter 键

结束删除命令。

(2) 恢复

命令:undo
输入要放弃的操作数目或[自动(A)/控制(C)/开始(BE)/结束(E)/标记(M)/后退(B)]:ERASE

第 5 章　编辑图形

直接按 Enter 键，即可恢复被删除的对象。若需多次恢复，则在【命令】提示符下输入需要恢复的步骤。

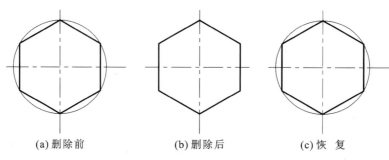

(a) 删除前　　　　　(b) 删除后　　　　　(c) 恢　复

图 5－7　删除与恢复

5.2.2　取消命令

取消命令有以下几种常用方法：
① 使用标准工具栏上的【重做】列表立即重做几步操作。
② 通过 Esc 键取消未完成的命令。
③ 许多命令包含自身的 U(放弃)选项，无须退出此命令即可更正错误。例如，创建直线或多段线时，输入 U 即可放弃前一个线段。

5.3　复制对象

在绘图过程中，经常会遇到在图形中有相同或者相似的图形对象，把这个图形对象称为源对象，AutoCAD 可以用编辑工具把这些源对象复制、镜像、偏移、阵列以达到提高绘图效率和绘图精度的作用。

在 AutoCAD 2013 中复制对象，有以下几种常用方法：
① 菜单栏：选择【修改】|【复制】命令。
② 命令行：在命令行输入 COPY 或 CO。
③ 工具栏：单击【修改】工具栏中的 按钮。

执行【复制】命令后，选取需要复制的对象，指定复制基点，然后拖动鼠标指定新基点即可完成复制操作，继续单击，还可以复制多个图形对象。

例 5－2　在如图 5－8 所示位置上绘制 4 个直径为 6 的圆。

命令:(【修改】|【复制】)_copy
选择对象:找到 1 个　　　//用光标指定源对象 ϕ6 圆
选择对象:
当前设置:复制模式 = 单个
指定基点或[位移(D)/模式(O)/多个(M)]〈位移〉:O
输入复制模式选项:[单个(S))/多个(M)]〈单个〉:M

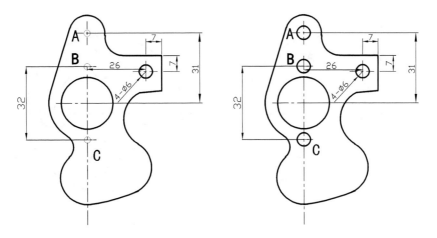

图 5-8 复制对象

指定基点或[位移(D)/模式(O)]<位移>：int 于
指定位移的第二点或[阵列(A)]<用第一点作位移>：int 于 A
指定位移的第二点或[阵列(A)/退出(E)/放弃(U)]<退出>：int 于 B
指定位移的第二点或[阵列(A)/退出(E)/放弃(U)]<退出>：int 于 C
指定位移的第二点或[阵列(A)/退出(E)/放弃(U)]<退出>：

在 AutoCAD 2013 中执行复制操作时，系统默认的复制是多次复制，此时根据命令行提示输入字母 O，即可设置复制模式为单个或多个。

AutoCAD 2013 为复制命令增加了"阵列(A)"选项，在"指定第二个点或[阵列(A)]"命令行提示下输入 A，即可以线性阵列的方式快速大量复制对象，从而提高效率。

5.4 镜像对象

在绘图过程中，图形中经常遇到结构规则且具有对称特点的图形，镜像对象命令将已绘制的原图形对象对称地复制过来，对提高绘图速度有很大帮助。

在 AutoCAD 2013 中复制对象，有以下几种常用方法：

① 菜单栏：选择【修改】|【镜像】命令。
② 命令行：在命令行输入 MIRROR 或 MI 命令。
③ 工具栏：单击【修改】工具栏中的 按钮。

例 5-3 在图 5-9(a)的基础上完成图 5-9(b)。

命令：(【修改】|【镜像】)_mirror
选择对象：1   //选择要镜像的对象
选择对象：2   //继续选择对象
选择对象：3   //继续选择对象

第 5 章　编辑图形

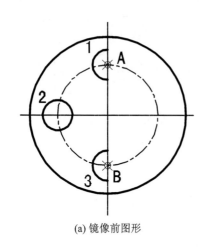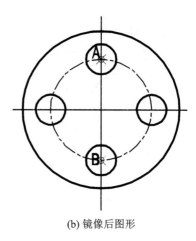

(a) 镜像前图形　　　　　　　　　(b) 镜像后图形

图 5－9　镜像对象

指定镜像线的第一点:A　　//指定对称线 Y 的任意一点
指定镜像线的第二点:B　　//指定对称线 Y 的另一点
是否删除原对象？[是(Y)/否(N)]〈n〉:　//按 Enter 键

镜像命令除了镜像图形对象,还可以镜像文本,但镜像文本时应注意文本文字的顺序。文本文字顺序对称的镜像称为全部镜像,文本文字不发生改变的称为部分镜像。

在命令行输入 Mirrtext 即可改变文本镜像的系统设置。

当 Mirrtext 为 0 时,文本为部分镜像,如图 5－10 所示。

命令:MIRRTEXT
输入 MIRRTEXT 的新值〈0〉:0
命令:_mirror
选择对象:找到 1 个　　　　　　//选择要镜像的对象:文本"部分对象"
选择对象:
指定镜像线的第一点:_endp 于　　//指定对称线上任意一点 A
指定镜像线的第二点:_endp 于　　//指定对称线上任意一点 B
要删除源对象吗？[是(Y)/否(N)]〈N〉:　//按 Enter 键

当 Mirrtext 为 1 时,文本为全部镜像,如图 5－11 所示。

命令:MIRRTEXT
输入 MIRRTEXT 的新值〈0〉:1
命令:_mirror
选择对象:找到 1 个　　　　　　//选择要镜像的对象:文本"部分对象"
选择对象:

图 5－10　文本部分镜像

指定镜像线的第一点：_endp 于　　　　//指定对称线上任意一点 A
指定镜像线的第二点：_endp 于　　　　//指定对称线上任意一点 B
要删除源对象吗？[是(Y)/否(N)]〈N〉：　//按 Enter 键

全部镜像 ｜ 全部镜像

图 5-11　文本全部镜像

5.5　偏移对象

偏移图形是创建一个与原对象平行并保持等距离的新对象，可以偏移的对象包括直线、圆弧、圆、二维多段线、椭圆弧、样条曲线等，可创建同心圆、平行线和等距曲线。

在 AutoCAD 2013 中复制对象，有以下几种常用方法：

① 菜单栏：选择【修改】|【偏移】命令。
② 命令行：在命令行输入 OFFSET 或 O 并按 Enter 键。
③ 工具栏：单击【修改】工具栏中的 按钮。

偏移命令需要输入的参数有需在偏移的源对象、偏移距离和偏移方向。偏移时，可以向源对象的左侧或右侧、上方或下方、外部或内部偏移。只要在需要偏移一侧的任意位置单击即可确定偏移方向，或者指定偏移方向，或者指定偏移对象通过已知的点。

例 5-4　已知直线 AB，要求绘制两条和 AB 平行的直线 EF 和 GH，EF 与直线 AB 距离为 50，GH 通过已知点 C，如图 5-12 所示。

（1）绘制直线 GH

命令：_offset
当前设置：删除源＝否 图层＝源 OFFSETGAPTYPE＝0
　　指定偏移距离或[通过(T)/删除(E)/图层(L)]:〈通过〉T　　//选择"通过"备选项，使偏移对象通过指定的点 C
　　选择要偏移的对象，或[退出(E)/放弃(U)]〈退出〉：
//选择源对象 AB
　　指定通过点或[退出(E)/多个(M)放弃(U)]〈退出〉：
nod　　//使用节点捕捉指定点 C，表示偏移对象通过该点
　　选择要偏移的对象，或[退出(E)/放弃(U)]〈退出〉://回车结束命令，直线 GH 绘制完毕

命令：_offset
当前设置：删除源＝否 图层＝源　OFFSETGAPTYPE＝0

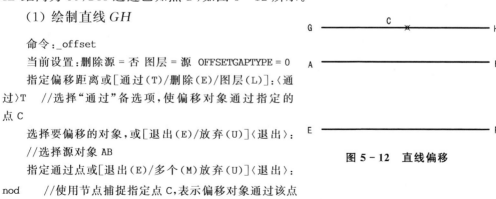

图 5-12　直线偏移

第5章　编辑图形

```
指定偏移距离或[通过(T)/删除(E)/图层(L)]〈通过〉:50        //输入偏移距离
选择要偏移的对象,或[退出(E)/放弃(U)]〈退出〉:(选择对象)    //选择源对象 AB
指定要偏移的那一侧上的点[退出(E)/多个(M)放弃(U)]〈退出〉:   //确定 EF 的偏移方向,
                                                        //在 AB 下方单击
选择要偏移的对象,或[退出(E)/放弃(U)]〈退出〉:              //回车结束命令,直至 EF 绘制完毕
```

5.6　阵列对象

利用阵列工具,可以按照矩形、环形(极轴)和路径的方式,以定义的距离、角度和路径复制出源对象的多个对象副本。使用阵列命令可以快捷、精确地绘制有规律分布的图形对象。

在 AutoCAD 2013 中的阵列对象有以下几种常用方法:

① 菜单栏:选择【修改】|【阵列】命令。
② 命令行:在命令行输入 ARRAY 或 AR 命令。
③ 工具栏:单击【修改】工具栏中的 🔡 、⋆⋄⋆ 、↙ 按钮。

1. 矩形阵列

矩形阵列是按照网格分行(列)进行复制的,复制前须确定阵列图形的行数与列数。

例 5-5　在已知零件图上绘制如图 5-13 所示圆:3 行 4 列,行间距为 23,列间距为 19。用阵列实例说明。

```
命令:_arrayrect
选择对象:(找到 1 个)
选择对象:
输入阵列类型[矩形(R)/路径(PA)/极轴(PO)]〈矩形〉:R
类型 = 矩形　关联 = 否
选择夹点以编辑阵列或[关联(AS)/基点(B)/计数(COU)/间距(S)/列数(COL)/行数(R)/层数(L)/退出(X)]:B
指定基点或[关键点(K)]〈质心〉:
选择夹点以编辑阵列或[关联(AS)/基点(B)/计数(COU)/间距(S)/列数(COL)/行数(R)/层数(L)/退出(X)]:
选择夹点以编辑阵列或[关联(AS)/基点(B)/计数(COU)/间距(S)/列数(COL)/行数(R)/层数(L)/退出(X)]:COL
输入列数数或 [表达式(E)]〈4〉:
指定列数之间的距离或[总计(T)/表达式(E)]〈5.5295〉:23
选择夹点以编辑阵列或[关联(AS)/基点(B)/计数(COU)/间距(S)/列数(COL)/行数(R)/层数(L)/退出(X)]:R
输入行数数或 [表达式(E)]〈3〉:
指定行数之间的距离或[总计(T)/表达式(E)]〈5.5295〉:-19
```

选择夹点以编辑阵列或[关联(AS)/基点(B)/计数(COU)/间距(S)/列数(COL)/行数(R)/层数(L)/退出(X)]：＊＊取消＊＊

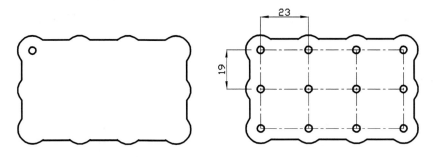

图 5-13　矩形阵列对象示例

2. 环形阵列

环形阵列通过围绕指定的圆心复制选定对象来创建阵列。

在 ARRAY 命令提示行中选择【极限(PO)选项】，或者单击环形阵列按钮，或者直接输入 ARRAYPOLAR 命令，即可进行环形阵列。

例 5-6　利用环形阵列绘制如图 5-14 所示图形。

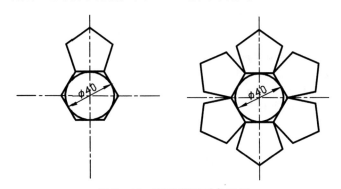

图 5-14　环形阵列对象示例

命令：_arraypolar　　　　　　　　　　　　//选择环形阵列中心点
选择对象：(找到 1 个)
选择对象：
类型 = 极轴　关联 = 否
指定阵列的中心点或 [基点(B)/旋转轴(A)]：_int 于　//捕捉圆心作为阵列中心点
选择夹点以编辑阵列或 [关联(AS)/基点(B)/项目(I)/项目间角度(A)/填充角度(F)/行(ROW)/层(L)/旋转项目(ROT)/退出(X)]〈退出〉：I　//选择"项目(I)"表示数量
输入阵列中的项目数或 [表达式(E)]〈6〉：6　　　//输入阵列后的总数量
选择夹点以编辑阵列或 [关联(AS)/基点(B)/项目(I)/项目间角度(A)/填充角度(F)/行(ROW)/层(L)/旋转项目(ROT)/退出(X)]〈退出〉：F　　　　　　//输入总阵列角度
指定填充角度(＋ = 逆时针,－ = 顺时针)或 [表达式(EX)]〈360〉：360　//输入总阵列角度
选择夹点以编辑阵列或 [关联(AS)/基点(B)/项目(I)/项目间角度(A)/填充角度(F)/行

(ROW)/层(L)/旋转项目(ROT)/退出(X)]〈退出〉: *取消*   //按 Enter 键

图 5-14 是使用指定项目总数和总填充角度进行环形阵列,在已知图形中,阵列项目的个数以及所有项目所分布弧形区域的总角度时,利用该项目进行环形阵列操作较为方便。

例 5-7 已知项目总数为 3,项目间的角度为 60°,利用环形命令绘制如图 5-15 所示图形。

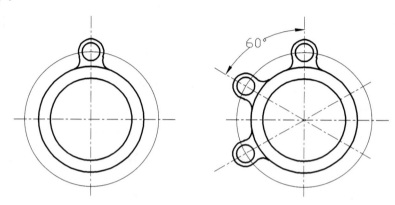

图 5-15 环形阵列对象示例

命令: _arraypolar
选择对象: 指定对角点: 找到 2 个
选择对象: 找到 1 个,总计 3 个
选择对象: 找到 1 个,总计 4 个
选择对象: 找到 1 个,总计 5 个
选择对象:
类型 = 极轴 关联 = 否
指定阵列的中心点或 [基点(B)/旋转轴(A)]: _int 于
选择夹点以编辑阵列或 [关联(AS)/基点(B)/项目(I)/项目间角度(A)/填充角度(F)/行(ROW)/层(L)/旋转项目(ROT)/退出(X)]〈退出〉: A
指定项目间的角度或 [表达式(EX)]〈60〉: 60
选择夹点以编辑阵列或 [关联(AS)/基点(B)/项目(I)/项目间角度(A)/填充角度(F)/行(ROW)/层(L)/旋转项目(ROT)/退出(X)]〈退出〉: I
输入阵列中的项目数或 [表达式(E)]〈6〉: 3
选择夹点以编辑阵列或 [关联(AS)/基点(B)/项目(I)/项目间角度(A)/填充角度(F)/行(ROW)/层(L)/旋转项目(ROT)/退出(X)]〈退出〉: F
指定填充角度(+ = 逆时针、- = 顺时针)或 [表达式(EX)]〈360〉: 120
选择夹点以编辑阵列或 [关联(AS)/基点(B)/项目(I)/项目间角度(A)/填充角度(F)/行(ROW)/层(L)/旋转项目(ROT)/退出(X)]〈退出〉:   //按 Enter 键退出

3. 路径阵列

路径阵列方式沿路径或部分路径均匀分布对象副本。

在 ARRAY 命令提示行中选择【路径(PA)】选项、或者单击路径阵列按钮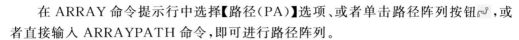,或者直接输入 ARRAYPATH 命令,即可进行路径阵列。

例 5-8 利用路径阵列方式绘制如图 5-16 所示图形。

(a) 路径阵列前　　　　　　　　　　　　(b) 路径阵列后

图 5-16 利用路径阵列方式绘图示例

命令:_arraypath
选择对象:(找到 1 个)　　　　　　　　　　　　　　　　　　//选择圆
选择对象:　　　　　　　　　　　　　　　　　　　　　　　//按 Enter 键
类型 = 路径　关联 = 否
选择路径曲线:　　　　　　　　　　　　　　　　　　　　　//选择曲线
选择夹点以编辑阵列或 [关联(AS)/方法(M)/基点(B)/切向(T)/项目(I)/行(R)/层(L)/对齐项目(A)/Z 方向(Z)/退出(X)]〈退出〉:I
指定沿路径的项目之间的距离或 [表达式(E)]〈16.5000〉:40
最大项目数 = 6
指定项目数或 [填写完整路径(F)/表达式(E)]〈6〉:
选择夹点以编辑阵列或 [关联(AS)/方法(M)/基点(B)/切向(T)/项目(I)/行(R)/层(L)/对齐项目(A)/Z 方向(Z)/退出(X)]〈退出〉:　　　//按 Enter 键退出

5.7 移动对象

移动工具可以在指定的方向上按指定距离移动对象,也可以把图形对象移动到任意指定位置。在命令执行过程中,需要确定的参数有:需要移动的对象、移动基点和第二点。使用坐标、栅格捕捉、对象捕捉和其他工具可以精确移动对象。

在 AutoCAD 2013 中移动对象,有以下几种常用方法:

① 菜单栏:选择【修改】|【移动】命令。
② 命令行:在命令行输入 MOVE 或 MO 并按 Enter 键。
③ 工具栏:单击【修改】工具栏中的按钮。

调用命令后,根据命令行提示在绘图区拾取需要移动的对象,然后依次右击,拾取移动基点,指定第二个点(目标点),即可完成移动操作。移动对象还可以利用输入坐标值的方式定义基点、目标的具体位置。

例 5-9 利用【移动】命令可以将以 A 为中心的圆移动到以 B 为中心的四边形中,如图 5-17 所示。

命令:_move
选择对象:找到 1 个　　　　　　　　　　　　　　　　　　//选择要移动的对象

第 5 章 编辑图形

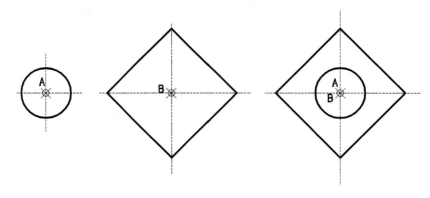

图 5-17 移动对象示例

```
选择对象:                                    //按 Enter 键或继续选择对象
指定基点或 [位移(D)] <位移>: _int 于           //指定基点 A 或位移
指定第二个点或 <使用第一个点作为位移>: _int 于  //任选一点作为基点,根据提示
                                            //指定的第二点 B,按 Enter 键,
                                            //系统将对象沿两点所确定的
                                            //位置矢量移动至新位置
```

5.8 旋转对象

旋转工具可以将对象绕指定点旋转任意角度,以调整图形的放置方向和位置。
在 AutoCAD 2013 中旋转对象,有以下三种常用方法:

① 菜单栏:选择【修改】|【旋转】命令。
② 命令行:在命令行输入 ROTATE 或 RO 并按 Enter 键。
③ 工具栏:单击【修改】工具栏中的 ○ 按钮。

在 AutoCAD 中有两种旋转方法,即默认旋转和复制旋转。

1. 默认旋转

利用该方法旋转图形时,源对象将按指定的旋转中心和旋转角度旋转到新位置,不保留对象的原始副本。在执行命令后,选取旋转对象并右击,然后指定旋转中心,根据命令行提示输入旋转角度后,按 Enter 键即可完成旋转对象操作。

例 5-10 利用【旋转】命令默认方式绘制如图 5-18 所示图形。

```
命令: _rotate
UCS 当前的正角方向:  ANGDIR = 逆时针  ANGBASE = 0
选择对象:                                    //选择要旋转的对象
指定对角点: 找到 8 个
选择对象:                                    //按 Enter 键或继续选择对象
指定基点: _int 于                            //指定旋转基点 A
```

第 5 章 编辑图形

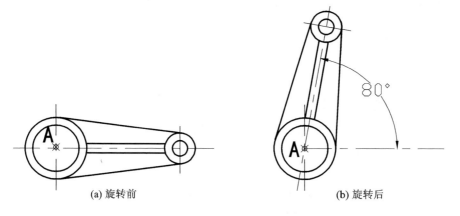

图 5-18 默认旋转对象示例

指定旋转角度，或 [复制(C)/参照(R)] <0>： 80   //指定旋转角，按 Enter 键结束

2. 复制旋转

使用该旋转方法进行对象的旋转时，不仅可以将对象的放置方向调整一定的角度，还可以在旋转出新对象时保留源对象。在执行旋转命令后，选取旋转对象并右击，然后指定旋转中心。根据命令提示输入字母 C 并指定旋转角度，按 Enter 键即可完成复制旋转对象操作。

在 AutoCAD 中旋转角度有正负之分。当输入的角度为正值时，图形对象沿逆时针方向旋转；输入的角度为负值时，图形对象沿顺时针方向旋转。

例 5-11　利用【旋转】命令，复制方式绘制图 5-19。

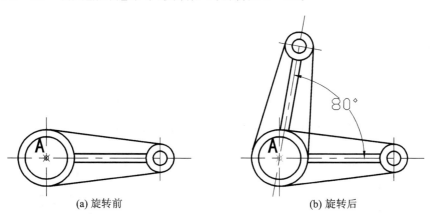

图 5-19 复制旋转对象示例

命令：_rotate
UCS 当前的正角方向： ANGDIR = 逆时针　　ANGBASE = 0
选择对象：   //选择要旋转的对象
指定对角点:找到 8 个

选择对象： //按 Enter 键或继续选择对象
指定基点：_int 于 //指定旋转基点 A
指定旋转角度，或 [复制(C)/参照(R)] <80>： C
旋转一组选定对象。
指定旋转角度，或 [复制(C)/参照(R)] <80>： 80 //指定旋转角，按 Enter 键结束

3．以参照的方式旋转

若以参照的方式来旋转角度，可输入 R，具体操作见例 5-12。

例 5-12 利用【旋转】命令，以参照的方式绘制图 5-20 和图 5-21。

命令：_rotate
UCS 当前的正角方向： ANGDIR＝逆时针 ANGBASE＝0
选择对象：指定对角点：找到 8 个 //选择要旋转的对象
选择对象： //按 Enter 键或继续选择对象
指定基点：_int 于 //指定旋转基点 A
指定旋转角度，或 [复制(C)/参照(R)] <19>： R
指定参照角 <0>：_endp 于 指定第二点：_endp 于 //A1
指定新角度或 [点(P)] <19>： P
指定第一点：_endp 于 指定第二点：_endp 于 //A2
命令：_rotate
UCS 当前的正角方向： ANGDIR＝逆时针 ANGBASE＝0
选择对象：找到 1 个 // 矩形框
选择对象：找到 1 个，总计 2 个 // 直线 A1
选择对象：
指定基点：_int 于
指定旋转角度，或 [复制(C)/参照(R)] <19>： R
指定参照角 <0>：_endp 于
指定第二点： _endp 于 //A1
指定新角度或 [点(P)] <19>： P
指定第一点：_endp 于
指定第二点：_endp 于 //A2

若选择基点后输入 C，则在旋转的同时还保留了原来的图形。

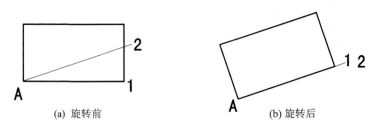

(a) 旋转前　　　　　　　　　(b) 旋转后

图 5-20　以参照的方式旋转对象(参照的角度为 0)示例

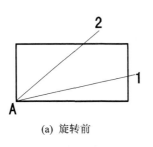 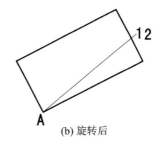

(a) 旋转前　　　　　　　　　(b) 旋转后

图 5-21　以参照的方式旋转对象(参照的角度为 A1 直线)示例

5.9　比例缩放对象

图形对象绘制后,有时需要改变对象大小,AutoCAD 提供了缩放图形命令,用于改变图形的大小,通过缩放,可以使对象变得更大或更小,但不改变它的比例。可以通过指定基点和长度(被用做基于当前图形单位的比例因子)或输入比例因子来缩放对象,也可以为对象指定当前长度和新长度。

在 AutoCAD 2013 中比例缩放对象有以下几种常用方法:
① 菜单栏:选择【修改】|【比例缩放】命令。
② 命令行:在命令行输入 SCALE 并按回车键。
③ 工具栏:单击【修改】工具栏中的 按钮。

按指定的比例放大或缩小选定的对象,大于 1 的比例因子使对象放大,介于 0 和 1 之间的比例因子使对象缩小。

例 5-13　利用【比例缩放】命令,以比例因子方式缩放绘制图 5-22。

命令:_scale
选择对象:指定对角点:找到 3 个　　　　//选择要缩放的对象
选择对象:　　　　　　　　　　　　　　//按 Enter 键
指定基点:_int 于　　　　　　　　　　　//指定中心点
指定比例因子或 [复制(C)/参照(R)]:2　　//指定比例因子

确定基点后,如果输入 C 则保留缩放前的图形对象。

例 5-14　利用【比例缩放】命令,以复制方式缩放绘制图 5-23。

例 5-15　利用【比例缩放】命令,以参照的方式缩放绘制图 5-24。

命令:_scale
选择对象:指定对角点:找到 3 个　　　　//选择内部正五边形
选择对象:　　　　　　　　　　　　　　//按 Enter 键
指定基点:_int 于　　　　　　　　　　　//指定中心点
指定比例因子或 [复制(C)/参照(R)]:C　　//选择复制缩放一组选定对象
指定比例因子或 [复制(C)/参照(R)]:2　　//指定放大比例为 2

第 5 章 编辑图形

```
命令：_scale
选择对象：找到 1 个                    //选择内部正五边形
选择对象：                              //按 Enter 键
指定基点：_int 于                       //指定中心点
指定比例因子或 [复制(C)/参照(R)]：R     //选择参照 R
指定参照长度 <1.0000>：_int 于          //从内部正五边形顶点 A 到 B
指定第二点：_endp 于
指定新的长度或 [点(P)] <136.0000>：P    //选择用点表示新长度
指定第一点：_int 于                     //从垂直中线 A 点
指定第二点：_endp 于                    //到 C 点，A 点 C 点确定新长度
```

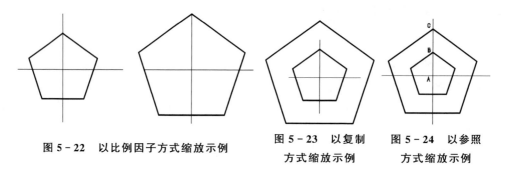

图 5-22　以比例因子方式缩放示例　　图 5-23　以复制方式缩放示例　　图 5-24　以参照方式缩放示例

5.10　拉伸对象

拉伸工具可以通过窗选或多边形框选的方式拉伸所选定的图形对象。

在 AutoCAD 2013 中拉伸对象有以下三种常用方法：

① 菜单栏：选择【修改】|【拉伸】命令。
② 命令行：在命令行输入 STRETCH 并按 Enter 键。
③ 工具栏：单击【修改】工具栏中的 按钮。

执行【拉伸】命令使用交叉方式选择图形时，如果选择的图形实体全部落在选择窗口内，则 AutoCAD 将不拉伸实体而只是移动选择的实体；如果只是部分图形实体包括在选择框内，则 AutoCAD 将拉伸实体。以下举例进行说明。

例 5-16　利用【拉伸】命令，通过窗选，选中 3 个边拉伸到如图 5-25 所示图形。

```
命令：_stretch
以交叉窗口或交叉多边形选择要拉伸的对象...
选择对象：指定对角点：找到 3 个           //如图 5-25 所示，2 个水平边，1 个竖直边
选择对象：                                //按 Enter 键
指定基点或 [位移(D)] <位移>：             //指定基点 3 点
指定第二个点或 <使用第一个点作为位移>：   //移动鼠标指引方向并指定第二点 4 点
```

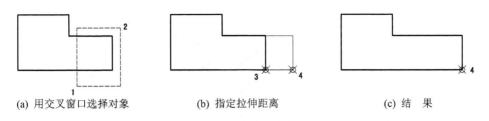

(a) 用交叉窗口选择对象　　　　(b) 指定拉伸距离　　　　(c) 结　果

图 5-25　拉伸对象为 3 个边示例

例 5-17　利用【拉伸】命令,通过窗选,选中 2 个边拉伸到如图 5-26 所示图形。

命令:_stretch
以交叉窗口或交叉多边形选择要拉伸的对象...
选择对象:指定对角点:找到 2 个　　　　//如图 5-26 所示,1 个水平边,1 个竖直边
选择对象:　　　　　　　　　　　　　　//按 Enter 键
指定基点或 [位移(D)]〈位移〉:　　　　//指定基点 3 点
指定第二个点或〈使用第一个点作为位移〉:　　//移动鼠标指引方向并指定第二点 4 点

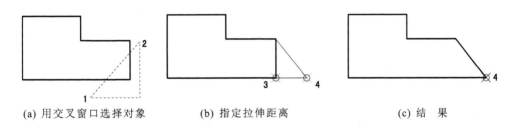

(a) 用交叉窗口选择对象　　　　(b) 指定拉伸距离　　　　(c) 结　果

图 5-26　拉伸对象为 2 个边示例

完全包含在交叉窗口中的对象或单独选定的对象将被移动。
部分选中多边形,该图形被拉伸。

例 5-18　利用【拉伸】命令,通过交叉窗口方式,选中多边形进行【拉伸】命令将得到如图 5-27 所示图形。

命令:_stretch
以交叉窗口或交叉多边形选择要拉伸的对象...
选择对象:指定对角点:找到 5 个　　　　//通过交叉窗口方式选中正五边形全部
选择对象:　　　　　　　　　　　　　　//按 Enter 键
指定基点或 [位移(D)]〈位移〉:_int 于　　//指定基点 B 点
指定第二个点或〈使用第一个点作为位移〉:　　//移动鼠标指引方向并指定第二点 C 点

例 5-19　利用【拉伸】命令,通过交叉窗口方式,选中多边形的 2 个边进行【拉伸】命令将得到如图 5-28 所示图形。

第 5 章 编辑图形

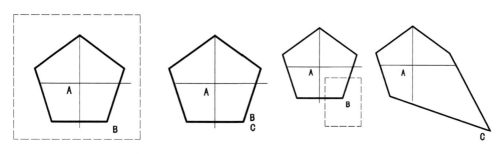

图 5-27 移动多边形   图 5-28 拉伸多边形

命令:_stretch
以交叉窗口或交叉多边形选择要拉伸的对象...
选择对象:指定对角点:找到 2 个   //通过交叉窗口方式选中正五边形的 2 个边
选择对象: //按 Enter 键
指定基点或 [位移(D)]〈位移〉: _int 于   //指定基点 B 点
指定第二个点或〈使用第一个点作为位移〉://移动鼠标指引方向并指定第二点 C 点

对于没有端点的图形实体,若其中特征点被交叉窗口选中该图形实体只会被移动,否则该图形实体不能移动也不能被拉伸,如圆、椭圆和块就无法拉伸。

5.11 修剪对象

【修剪】命令用于以指定的边界为修剪边将多余线条剪掉。

启动该命令后,首先指定一个或几个对象作为剪切边界,然后按 Enter 键,并选择要修剪的对象。要将所有对象用作边界,请在首次出现【选择对象】提示时按 Enter 键。

在 AutoCAD 2013 中修剪对象有以下三种常用方法:
① 菜单:选择【修改】|【修剪】命令。
② 命令行:在命令行输入 TRIM 并按 Enter 键。
③ 工具栏:单击【修改】工具栏中的 按钮。

例如 5-20 利用【修剪】命令,将图 5-29 所示图形进行修剪。
(1) 边界对象为圆弧,修剪对象为直线。

命令:_trim
当前设置:投影 = UCS,边 = 无
选择剪切边...
选择对象或〈全部选择〉: 找到 1 个   //选择边界对象为圆
选择对象: //按 Enter 键
选择要修剪的对象,或按住 Shift 键选择要延伸的对象,或[栏选(F)/窗交(C)/投影(P)/边(E)/删除(R)/放弃(U)]: E
输入隐含边延伸模式 [延伸(E)/不延伸(N)]〈不延伸〉:

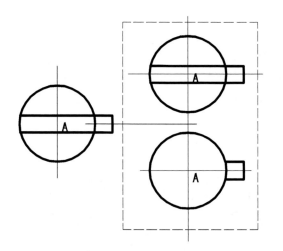 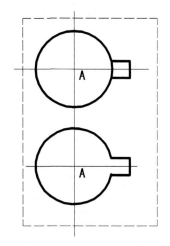

(a)边界对象为圆修剪对象为直线　　　　　(b)边界对象为直线 修剪对象为圆

图 5-29　修剪对象示例

　　选择要修剪的对象,或按住 Shift 键选择要延伸的对象,或[栏选(F)/窗交(C)/投影(P)/边(E)/删除(R)/放弃(U)]:　　　　　　　　　　　//选择修剪对象为直线

　　选择要修剪的对象,或按住 Shift 键选择要延伸的对象,或[栏选(F)/窗交(C)/投影(P)/边(E)/删除(R)/放弃(U)]:　　　　　　　　　　　//选择修剪对象为直线,按 Enter 键结束

(2)边界对象为直线,修剪对象为圆弧。

命令:_trim
当前设置:投影=UCS,边=无
选择剪切边...
选择对象或〈全部选择〉:　找到 1 个
选择对象:找到 1 个,总计 2 个　　　　　　　//选择边界对象为直线
选择对象:　　　　　　　　　　　　　　　　//按 Enter 键
选择要修剪的对象,或按住 Shift 键选择要延伸的对象,或[栏选(F)/窗交(C)/投影(P)/边(E)/删除(R)/放弃(U)]: E　　　　　　　　　　//选择修剪对象为圆
输入隐含边延伸模式[延伸(E)/不延伸(N)]〈不延伸〉:
选择要修剪的对象,或按住 Shift 键选择要延伸的对象,或[栏选(F)/窗交(C)/投影(P)/边(E)/删除(R)/放弃(U)]:　　　　　　　　　　　//按 Enter 键

5.12　延伸对象

　　【延伸】命令用于延伸对象到指定边界。【延伸】命令与【修剪】命令功能正好相反。
　　在 AutoCAD 2013 中延伸对象有以下三种常用方法:

① 菜单栏:选择【修改】|【延伸】命令。
② 命令行:在命令行输入 EXTEND 并按 Enter 键。
③ 工具栏:单击【修改】工具栏中的 -/ 按钮。

启动该命令后,首先指定一个或几个对象作为延伸边界,然后按 Enter 键,并选择要延伸的对象。要将所有对象用做边界,请在首次出现【选择对象】提示时按 Enter 键。

例 5-21 用【修剪】命令将图 5-30 所示图形进行延伸。

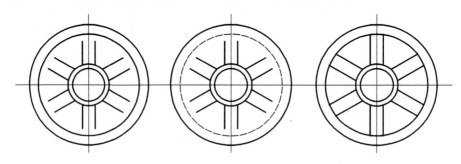

图 5-30 延伸对象示例

边界对象为圆,延伸对象为直线。

命令: _extend
当前设置:投影=UCS,边=无
选择边界的边...
选择对象或〈全部选择〉: 找到 1 个　　　　　　　//选择延伸对象边界为圆
选择对象:　　　　　　　　　　　　　　　　　　//按 Enter 键
选择要延伸的对象,或按住 Shift 键选择要修剪的对象,或[栏选(F)/窗交(C)/投影(P)/边(E)/放弃(U)]:　　　　　　　　　　　　　//选择要延伸直线对象
选择要延伸的对象,或按住 Shift 键选择要修剪的对象,或[栏选(F)/窗交(C)/投影(P)/边(E)/放弃(U)]:　　　　　　　　　　　　　//按 Enter 键

5.13 打断和打断于点

【打断】命令用于在两点之间打断选定的对象。在默认情况下,选择对象的那个点为第一个打断点,指定第二个打断点后,将删除两点之间的部分。可以在对象上的两个指定点之间创建间隔,将对象打断为两个对象。如果这些点不在对象上,则会自动投影到该对象上。

在 AutoCAD 2013 中打断命令有以下三种常用方法:
① 菜单栏:选择【修改】|【打断】命令。
② 命令行:在命令行输入 BREAK 并按 Enter 键。

③ 工具栏:单击【修改】工具栏中的 按钮。

例 5-22 利用【打断】命令,将图 5-31 所示直线在 A、B 两点打断。

命令:_break
选择对象: //选择要打断直线对象
指定第二个打断点 或 [第一点(F)]:F
指定第一个打断点:_nod 于   //选择要打断直线对象上的 A 点
指定第二个打断点:_nod 于   //选择要打断直线对象上的 B 点

【打断于点】命令用于在一点打断对象。有效对象包括直线、开放的多段线和圆弧。不能在一点打断闭合对象(例如圆)。打断对象之间没有间隙,只会增加打断点。

在 AutoCAD 2013 中【打断于点】命令,有以下几种常用方法:
① 命令行:在命令行输入 BREAK 并按 Enter 键。
② 工具栏:单击【修改】工具栏中的 按钮。

例 5-20 利用【打断于点】命令将图 5-32 所示直线在 A 点打断。

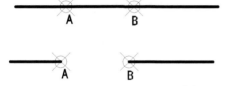

图 5-31 直线在 A、B 两点打断   图 5-32 直线在 A 点打断

命令:_break
选择对象: //选择要打断直线对象
指定第二个打断点或[第一点(F)]:_f
指定第一个打断点: //选择要打断直线对象上的 A 点
指定第二个打断点:@

5.14 倒角和圆角

倒角、圆角是机械设计中常用的工艺,可使工件相邻两表面在相交处以斜面或圆弧面过渡。使尖角削平或者使其变得较为光滑,实现对工件的修饰和符合技术要求。

5.14.1 倒　角

倒角使工件以斜面形式过渡,用于将两条非平行直线或多段线以一斜线相连。
在 AutoCAD 2013 中倒角命令有以下几种常用方法:
① 菜单栏:选择【修改】|【倒角】命令。
② 命令行:在命令行输入 CHAMFER 并按 Enter 键。
③ 工具栏:单击【修改】工具栏中的 按钮。

第 5 章　编辑图形

【倒角】命令输入后,AutoCAD 2013 将按用户选择对象的次序应用指定的距离和角度。

例 5-23　利用【倒角】命令将图 5-33 所示的轴进行倒角,尺寸如图中所示。

命令:_chamfer("修剪"模式)
当前倒角距离 1 = 2.0000,距离 2 = 1.0000
选择第一条直线或 [放弃(U)/多段线(P)/距离(D)/角度(A)/修剪(T)/方式(E)/多个(M)]: D
指定第一个倒角距离 <2.0000>: 2
指定第二个倒角距离 <2.0000>: 1
选择第一条直线或 [放弃(U)/多段线(P)/距离(D)/角度(A)/修剪(T)/方式(E)/多个(M)]:　//水平线(圆柱面线)
选择第二条直线,或按住 Shift 键选择直线以应用角点或 [距离(D)/角度(A)/方法(M)]:　//竖直线(端面线)

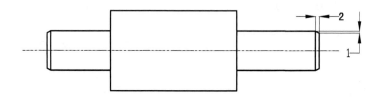

图 5-33　轴进行倒角

绘制倒角时,倒角距离或倒角角度不能太大,否则倒角无效。

5.14.2　圆　角

【圆角】命令用于在两条线之间创建圆角,使工件以圆弧面形式过渡。

在 AutoCAD 2013 中圆角命令有以下三种常用方法:

① 菜单栏:选择【修改】|【圆角】命令。
② 命令行:在命令行输入 FILLET 并按 Enter 键。
③ 工具栏:单击【修改】工具栏中的 按钮。

例 5-24　利用【圆角】命令将图 5-34 所示的零件进行圆角,尺寸如图中所示。

命令:_fillet
当前设置:模式 = 修剪,半径 = 5.0000
选择第一个对象或 [放弃(U)/多段线(P)/半径(R)/修剪(T)/多个(M)]: R
指定圆角半径 <5.0000>: 10
选择第一个对象或 [放弃(U)/多段线(P)/半径(R)/修剪(T)/多个(M)]: //选择第一条直角边
选择第二个对象,或按住 Shift 键选择对象以应用角点或 [半径(R)]: //选择第二条直角边

命令:_fillet
当前设置:模式 = 修剪,半径 = 10.0000
选择第一个对象或 [放弃(U)/多段线(P)/半径(R)/修剪(T)/多个(M)]: R

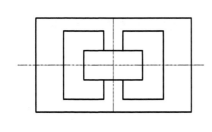
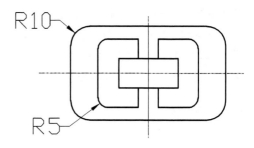

图 5-34 零件图进行倒圆角

指定圆角半径 <10.0000>: 5
选择第一个对象或 [放弃(U)/多段线(P)/半径(R)/修剪(T)/多个(M)]: //选择第一条直角边
选择第二个对象,或按住 Shift 键选择对象以应用角点或 [半径(R)]: //选择第二条直角边

在 AutoCAD 中允许两条平行线倒圆角,圆角半径为两条平行线距离的一半。

5.15 拉长对象

在已绘制好的图形上,有时需要将图形的直线、圆弧的尺寸放大或缩小,或者要知道直线的长度值,可以用拉长命令来改变长度或读出长度值。

在 AutoCAD 2013 中拉长命令有以下两种常用方法:
① 菜单:选择【修改】|【拉长】命令。
② 命令行:在命令行输入 LENGTHEN 并按 Enter 键。

例 5-25 利用【拉长】命令将图 5-35 已知直线拉长 40。

(a) 拉长前

(b) 拉长后

图 5-35 将直线进行拉长

命令: _lengthen
选择对象或 [增量(DE)/百分数(P)/全部(T)/动态(DY)]: DE
输入长度增量或 [角度(A)] <0.0000>: 40
选择要修改的对象或 [放弃(U)]:   //选择直线
选择要修改的对象或 [放弃(U)]:   //按 Enter 键结束

其中选项的意义如下:

【增量】:当前长度与拉长后的长度的差值。
【百分数(P)】:选择百分数命令后,在命令行输入大于 100 的数值就会拉长对象。
【全部(T)】:拉长后图形对象的总长。
【动态(DY)】:动态拉长或缩短图形实体。

5.16 分解对象与合并对象

5.16.1 分解对象

【分解】命令用于对矩形、块、多边形以及各类尺寸标注等由多个对象组成的组合对象,如果需要对其中的单个对象进行编辑操作,就需要先利用【分解】工具将这些对象拆分为单个的图形对象,然后再利用编辑工具进行编辑。

在 AutoCAD 2013 中分解命令有以下几种常用方法:

① 菜单栏:选择【修改】|【分解】命令。

② 命令行:在命令行输入 EXPLODE 并按 Enter 键。

③ 工具栏:单击【修改】工具栏中的 按钮。

例 5-26 利用【分解】命令将图 5-36 所示的矩形进行分解。

命令:_explode
选择对象:找到 1 个   //选择要分解的矩形
选择对象: //按 Enter 键结束

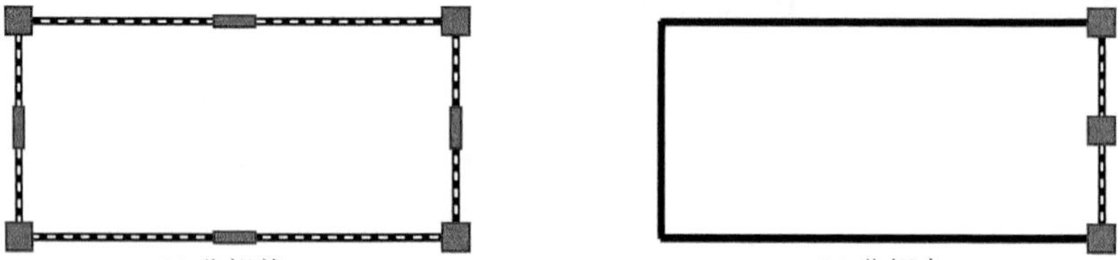

(a) 分解前   (b) 分解中

图 5-36 矩形用【分解】命令进行分解

5.16.2 合并对象

【合并】命令用于将独立的图形对象合并为一个整体。它可以将多个对象进行合并,对象包括圆弧、椭圆弧、直线、多段线和样条曲线等。

在 AutoCAD 2013 中合并对象有以下三种常用方法:

① 菜单栏:选择【修改】|【合并】命令。

② 命令行:在命令行输入 JOIN 并按 Enter 键。

③ 工具栏:单击【修改】工具栏中的 按钮。

例 5-27 利用【合并】命令将图 5-37 所示的直线进行合并。

命令：_join
选择源对象或要一次合并的多个对象:指定对角点:找到 1 个　　//选择直线 AB
选择要合并的对象:找到 1 个,总计 2 个　　　　　　　　　　//选择直线 CD
选择要合并的对象：　　　　　　　　　　　　　　　　　　　//按 Enter 键结束

2 条直线已合并为 1 条直线。

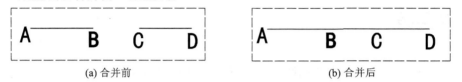

(a) 合并前　　　　　　　　　　　　　　　　(b) 合并后

图 5-37　合并直线

注意：AB 与 CD 必须是同一直线上的线段。

例 5-28 利用【合并】命令将图 5-38 所示的圆弧进行合并。

命令：_join
选择源对象或要一次合并的多个对象：找到 1 个　　　//点击一段椭圆弧
选择要合并的对象：找到 1 个,总计 2 个　　　　　　//点击另一段椭圆弧
选择要合并的对象：2 条椭圆弧已合并为 1 条圆弧
命令：_join
选择源对象或要一次合并的多个对象：找到 1 个　　　//点击 3/4 椭圆弧
选择要合并的对象：
选择椭圆弧,以合并到源或进行[闭合(L)]：L

已成功闭合椭圆。

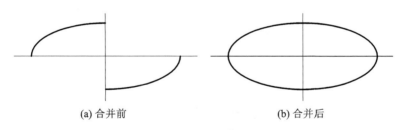

(a) 合并前　　　　　　　　　　　　　(b) 合并后

图 5-38　合并圆弧

5.17　夹点编辑

"夹点"指的是图形对象上的一些特征点,如端点、顶点、中点和中心点等。图形的位置和形状通常是由夹点的位置决定的。在 AutoCAD 2013 中,夹点是一种集成的编辑模式,利用夹点可以编辑图形的大小、位置、方向以及对图形进行镜像、复制等

操作。

在 AutoCAD 中,夹点是一些小方框。使用鼠标指定对象时,对象关键点上将出现夹点,不同的对象出现的夹点不同,操作时先选中一对象,然后将光标的靶区和某夹点重合,单击使其变红色,这时可以拖动夹点直接而快速的编辑对象。利用夹点编辑可以执行拉伸、移动、旋转、缩放、复制或镜像等操作。夹点编辑是编缉图形时采用的方法,不需要启动任何编辑命令。

上机实践

利用绘图和编辑命令绘制图 5-39 所示的图形(不标尺寸)。

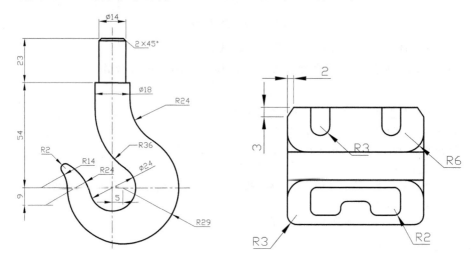

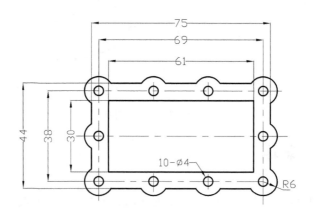

图 5-39 题图

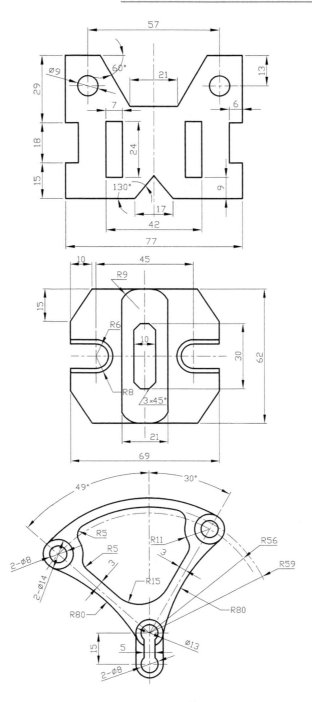

图 5-39 题图(续)

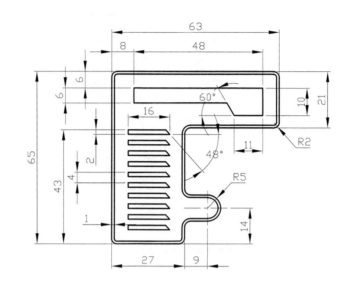

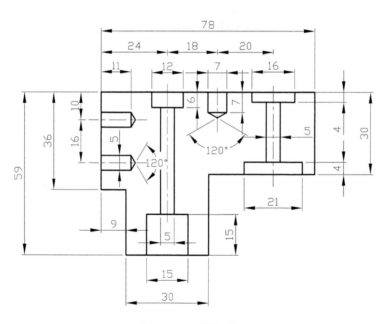

图 5-39 题图(续)

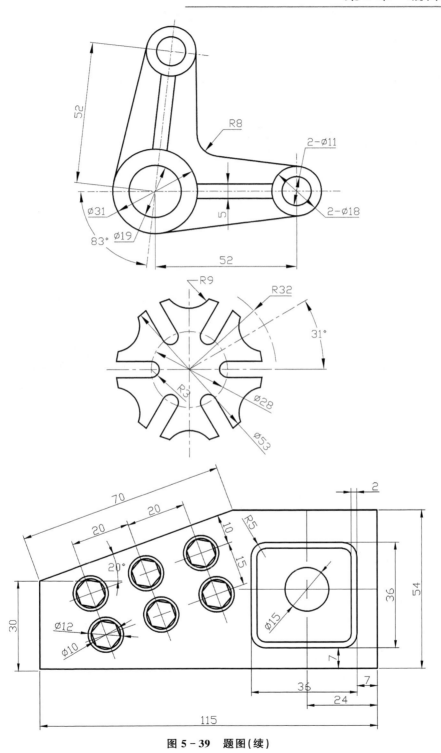

图 5-39 题图(续)

第6章

图块与图案填充

本章学习的主要内容：
- 创建图块；
- 插入图块；
- 分解图块；
- 图案填充。

在 AutoCAD 中，将多个实体对象组合为一个整体，将其创建成图块。图块中的各实体可以具有不同的图层、线型、颜色等特征。在应用时，图块作为一个独立的、完整的对象进行编辑操作，可以根据需要按一定比例和方向将图块插入到需要的位置。图块中可以包含图形对象也可以包含文本对象。图块分内部块和外部块，内部块只能在定义图块的当前文件中使用，外部块保存成单独的图形文件可以在其他文件被调用。

6.1 创建图块

6.1.1 创建内部图块

内部图块（BLOCK）是指创建的图块只能在定义该图块的当前文件中使用。

1. 启动命令

① 菜单栏：选择【绘图】|【块】|【创建】命令。

② 工具栏：单击【绘图】工具栏中的 按钮。

③ 命令行：在命令行输入 BLOCK。

2. 操作格式

① 单击【绘图】工具栏中的 按钮，弹出图 6-1 所示对话框。

② 在对话框的【名称】文本框中输入块名。

③ 基点选项组中，输入插入点的 X、Y、Z 坐标值，或者单击【拾取点】按钮，在绘图区选择准确的指定点。

④ 【对象】选项组中，单击【选择对象】按钮，在绘图区选择要定义块的对象，右

击回到对话框状态;也可以单击【快速选择】按钮,定义选择集。选项组中的下面三个单选项根据具体需要选择即可。

⑤【方式】选项组中的选项根据情况而定。

⑥ 单击【确定】按钮,完成创建图块的操作。

图6-1 【块定义】对话框

例6-1 将图6-2(b)所示的粗糙度定义为块,尺寸如图6-2(a)所示。

① 单击【绘图】工具栏中的 按钮,打开【块定义】对话框。

② 在对话框的【名称】文本框中输入块名"粗糙度"。

③【基点】选项组中,单击【拾取点】按钮,在绘图区利用捕捉功能准确选择点A作为基点。

④【对象】选项组中,单击【选择对象】按钮,在绘图区选择图6-2(b)所示的图形对象,右击回到对话框状态。选项组中的下面三个单选项根据具体需要选择即可。

⑤【方式】选项组中选择【允许分解】复选项。

⑥ 单击【确定】按钮,完成创建图块的操作。

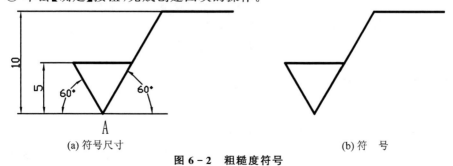

(a) 符号尺寸　　　　　　　　　　　(b) 符　号

图6-2 粗糙度符号

6.1.2 创建外部图块

外部图块(WBLOCK)与内部图块的区别是,创建的图块作为独立文件保存在磁盘空间中,可以插入到任何图形中去,并可以对图块进行分解和编辑。

1. 启动命令

命令行:在命令行输入 WBLOCK。

2. 操作格式

① 在命令行输入 WBLOCK 后按 Enter 键,弹出图 6-3 所示对话框。

② 在【源】选项组中写图块的对象有三种:可以是已经生成的【块】,也可以是当前文件的全部图形【整个图形】,或在绘图区范围内选择一部分【对象】。当选择【对象】选项时,下面的【基点】和【对象】处于激活状态,按需要设置相关参数。

③ 在【目标】选项组中,给出要保存的路径。

④ 单击【确定】按钮,完成创建外部图块的操作。

图 6-3 【写块】对话框

6.2 插入图块

插入图块就是将已经创建的图块或图形文件插入到当前图形文件中,在插入图块的过程中对比例、旋转角度等参数进行设置,也可以在图块插入当前图形后对图块进行编辑。

1. 启动命令

① 菜单栏:选择【插入】|【块】命令。

② 工具栏:单击【绘图】工具栏中的【插入】按钮。

③ 命令行:在命令行输入 INSERT。

2. 操作格式

① 单击【绘图】工具栏中的【插入】按钮,弹出如图 6-4 所示对话框。

② 在对话框中的【名称】文本框中选择块名。【内部图块】在【名称】后面的下拉列表中选取,【外部图块】单击【浏览】按钮后按路径打开相应文件。

③ 根据需要对【插入点】、【比例】、【旋转】选项组进行设置,一般选择【在屏幕上指定】复选项,如图 6-4 所示。

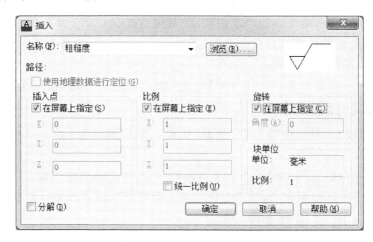

图 6-4 【插入】图块对话框

④ 根据需要选择【分解】复选项。

⑤ 单击【确定】按钮,完成【插入】图块对话框的操作。

⑥ 此时插入的图块已经显示在绘图区域,按命令行提示操作。

例 6-2 将图块粗糙度插入到图中指定位置,如图 6-5 所示。

① 单击绘图工具栏中的 按钮,弹出【插入】对话框,选择【粗糙度】图块,设置相关参数如图 6-4 所示。

② 单击【确定】按钮退出对话框。

命令行显示如下:

命令:_insert
指定插入点或 [基点(B)/比例(S)/X/Y/Z/旋转(R)]:(用捕捉方式准确给出插入点)

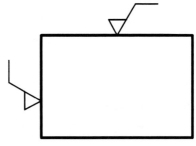

图 6-5 不同位置插入粗糙度图块

输入 X 比例因子,指定对角点,或 [角点(C)/XYZ(XYZ)]〈1〉:(赋值1,即不缩放)
输入 Y 比例因子或〈使用 X 比例因子〉:(回车,与 X 比例因子一致)
指定旋转角度〈0〉:(回车,旋转角度为默认值0,结束任务,结果如图6-5所示符号)
命令:(回车,再次启动插入对话框)
命令:_insert(设置参数见图6-4,完成后退出对话框)
指定插入点或 [基点(B)/比例(S)/X/Y/Z/旋转(R)]:(用捕捉方式准确给出插入点)
输入 X 比例因子,指定对角点,或 [角点(C)/XYZ(XYZ)]〈1〉:(赋值1,即不缩放)
输入 Y 比例因子或〈使用 X 比例因子〉:(回车,与 X 比例因子一致)
指定旋转角度〈0〉:(赋值90,回车,旋转角度为90°,结束任务,结果如图6-5所示左侧的符号)

6.3 图块的分解

图块插入到当前文件之后,可以进行在位编辑、"分解"编辑,还可为图块定义属性。熟练使用图块功能可以提高绘图速度,避免重复劳动。在此介绍一下图块的"分解"。图块的分解就是将组合在一起的"图块"消除组合,成为各自独立的元素,以便于之后进一步的编辑和处理。

分解图块有两种方法:利用【分解】命令和【插入】图块时选择【分解】复选框。

1. 启动【分解】命令

① 在【修改】工具栏中选择【分解】按钮 ,或在【修改】下拉菜单中选择【分解】命令。

② 在命令行【选择对象】的提示下,移动光标选择要分解的图块。

③ 按 Enter 键结束命令,结果是图块被分解成组成前的独立元素。

2. 【插入】图块设置实现"分解"

① 在图6-4所示的【插入】对话框中,左下角为【分解】复选项,选择此复选项。

② 单击【确定】按钮,完成图块插入。结果是插入的图块直接分解为各自独立的元素。

6.4 图案填充

绘制工程图常常采用剖视的表达方法,此时需要为断面绘制剖面线。AutoCAD 提供了丰富的填充图案,可以利用这些图案进行填充。填充在封闭区域内的图案是一个整体,可以视为一个图块,所以在需要时可以进行分解编辑。

1. 启动命令

① 菜单栏:选择【绘图】|【图案填充】命令。

② 工具栏:单击【绘图】工具栏中的【图案填充】按钮 。

③ 命令行:在命令行输入 HATCH。

第 6 章 图块与图案填充

2. 操作格式

① 单击【绘图】工具栏中的【图案填充】按钮，弹出如图 6-6 所示对话框。

图 6-6 【图案填充和渐变色】对话框

② 对话框中【类型和图案】选项组将【类型】设置为【预定义】;【图案】设置为【ANSI31】。【角度和比例】选项组中将【角度】设置为 0;【比例】设置为 1。【图案填充原点】选项组选择"使用当前原点"。

③ 单击【添加:拾取点】按钮。在绘图区的封闭图框内拾取点,边框高亮显示,按 Enter 键,返回对话框。也可以单击【添加:选择对象】按钮,选择组成封闭图案的全部对象。

④ 单击【预览】按钮,显示图案填充结果。预览后按 Enter 键,返回【边界图案填充】对话框。

⑤ 单击【确定】按钮,完成图案填充。

绘制工程图样填充剖面符号时,其余选项设置如图 6-6【图案填充和渐变色】对话框所示即可。对话框中,【渐变色】选项卡无需设置。对于边界的样式,图案填充范围的选择可以单击图6-6对话框中右下角的【更多选项】按钮 ⊙，将对话框展开，如图6-7所示，一般不改变设置。

图6-7 【图案填充】展开对话框

注意：图案填充的边界应为封闭图框。尤其用【添加：拾取点】方式选择边界时，如果图框不封闭，则会出现【图案填充—边界定义错误】对话框，如图6-8所示。此时需要检查图框使其封闭后再次进行【图案填充】操作。

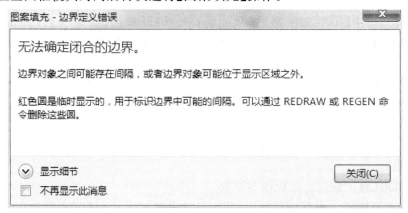

图6-8 【图案填充—边界定义错误】对话框

例 6-3 在图 6-9(a)所示的图形中指定位置填充剖面符号。

(1) 单击【绘图】工具栏中的【图案填充】按钮，弹出如图 6-6 所示对话框。

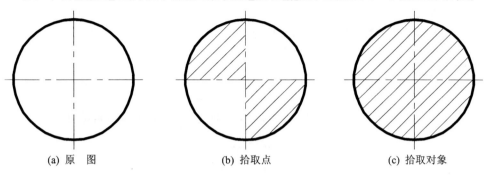

(a) 原　图　　　　　　(b) 拾取点　　　　　　(c) 拾取对象

图 6-9　图案填充图例

(2) 在图 6-6 所示对话框的【类型和图案】选项卡中，单击【图案(P)】右侧填充图案选项板按钮，弹出如图 6-10 所示对话框。

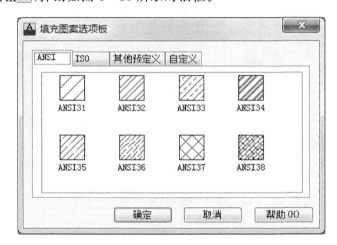

图 6-10　【填充图案选项板】对话框

(3) 在对话框中【ANSI】选项卡，选择【ANSI31】，单击【确定】按钮，完成填充图案的选择。

(4)【角度和比例】选项卡中【角度】设置为 0；【比例】设置为 1。在【图案填充原点】选项组点选【使用当前原点】。

(5) 选择图案填充边界：

① 单击【添加：拾取点】按钮。如图 6-9(a)所示，圆被点画线分割成四个封闭区域，若要在整个圆内填充剖面线，则需要在四个封闭图框内各拾取一个点，边框高亮显示，按 Enter 键，返回对话框。我们在对角的两个区域内各取一个点，填充结果如图 6-9(b)所示。

② 单击【添加：选择对象】按钮，选择组成封闭图案的全部对象。此时选择粗实

线"圆",整个圆周高亮显示。填充结果如图 6-9(c)所示。

(4) 单击【预览】按钮,显示图案填充结果。预览后按 Enter 键,返回【边界图案填充】对话框。

(5) 单击【确定】按钮,完成图案填充。

上机实践

绘制图 6-11～图 6-14 所示图形,填充剖面符号,标注表面粗糙度。

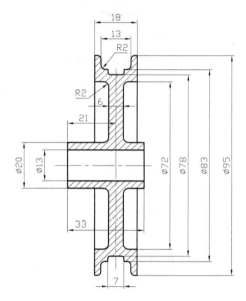

图 6-11 综合练习一

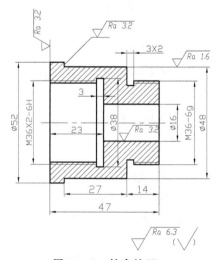

图 6-12 综合练习二

第 6 章 图块与图案填充

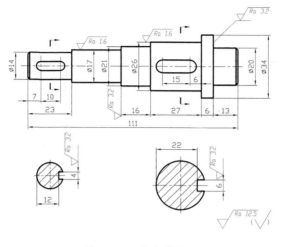

图 6-13 综合练习三

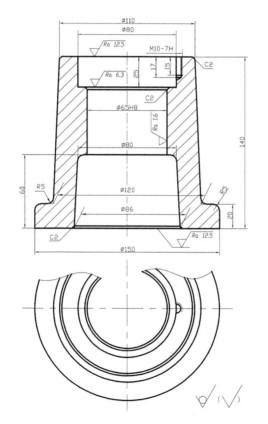

图 6-14 综合练习四

第 7 章

文字标注与表格绘制

本章学习的主要内容：
- 设置文字样式；
- 标注单行文字；
- 标注多行文字；
- 编辑文字；
- 表格绘制。

在设计图样中，一些信息是由文字来体现和描述的，如 AutoCAD 为用户提供了字体设置和文字输入方式；还有一部分信息是填写在表格中的，如 AutoCAD 也可以利用插入表格的方式绘制所需要的样式。

7.1 文字标注

7.1.1 设置文字样式

1. 启动命令

① 菜单栏：选择【格式】|【文字样式】命令。
② 工具栏：单击【样式】工具栏中【文字样式】的按钮 A。
③ 命令行：在命令行输入 STYLE。

2. 操作格式

① 单击【样式】工具栏中的【文字样式】按钮 A，弹出图 7-1 所示对话框。

② 单击对话框中右侧的【新建】按钮，弹出图 7-2 所示对话框。在此给出新建文字样式的名称"汉字"，单击【确定】按钮，则新文字样式创建完成，返回【文字样式】对话框。

③ 根据需要为新的文字样式"汉字"设置参数，在【字体名】下拉列表中选择【T仿宋】字体；在【高度】文本框中输入【0.00】；在【宽度比例】文本框中输入【0.7】，其他选项使用默认值，如图 7-3 所示。

第 7 章　文字标注与表格绘制

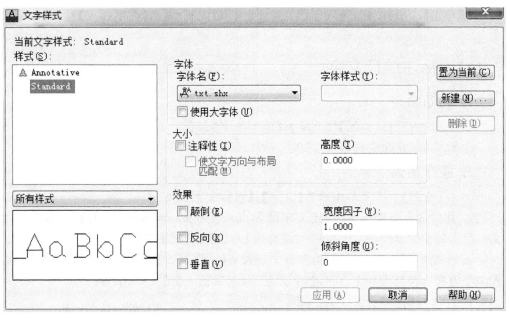

图 7-1　【文字样式】对话框

图 7-2　【新建文字样式】对话框

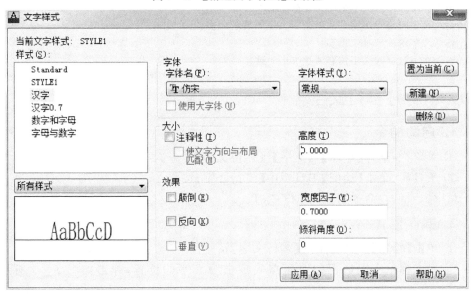

图 7-3　设置对话框中的参数

第 7 章 文字标注与表格绘制

④ 单击【应用】按钮,完成创建。单击【关闭】按钮,退出【文字样式】对话框,结束命令。

7.1.2 标注单行文字

1. 启动命令

① 菜单栏:选择【绘图】|【文字】|【单行文字】命令。
② 命令行:在命令行输入 TEXT。

2. 操作格式

① 在【绘图】下拉菜单中选择【文字】|【单行文字】。
② 此时命令行中提示【指定文字的起点或［对正(J)/样式(S)］:】,单击给出写文字起点的位置,还可以为文字设置【对正】方式和【样式】选项。
③ 按提示行给出的顺序,为单行文字设置【文字高度】、【文字旋转角度】,之后输入文字内容。换行需按 Enter 键,如果结束【文字输入】则按 Enter 键。

例 7-1 用【单行文字】完成图 7-4 所示文字的输入。

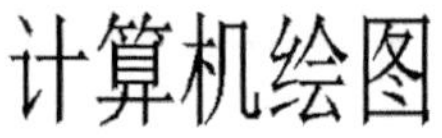

在【绘图】下拉菜单中选择【文字】|【单行文字】,命令提示行操作如下:

图 7-4 【单行文本】命令输入文字

命令:_text
当前文字样式:"汉字" 文字高度: 0.0000 注释性: 否
指定文字的起点或［对正(J)/样式(S)］:(单击鼠标左键给出输入文字起点的位置)
指定高度〈0.000〉:5(给出文字高度为 5)
指定文字的旋转角度〈0〉:0(指定文字的旋转角度值为 0)
输入文字:(输入文字内容)
输入文字:(输入文字内容或按 Enter 键)

7.1.3 标注多行文字

1. 启动命令

① 菜单栏:选择【绘图】|【文字】|【多行文字】命令。
② 工具栏:单击【绘图】工具栏中【多行文字】按钮 A 。
③ 命令行:在命令行输入 MTEXT。

2. 操作格式

① 单击【绘图】工具栏中的【多行文字】按钮 A 。
② 用光标给出矩形框的对角点确定书写文字的位置,弹出如图 7-5 所示编辑器。
③ 在编辑器中设置相关参数。

第7章 文字标注与表格绘制

④ 在下面的文字输入框中书写编辑文字。当输入的文字中包含一些特殊符号时,单击图7-5多行文字编辑器中的符号按钮 @▼ ,弹出如图7-6所示快捷菜单。在此选择所需符号即可。在此编辑器中还可以创建堆叠的字符,也可以实现公差格式的文字输入。

⑤ 单击【确定】按钮完成。

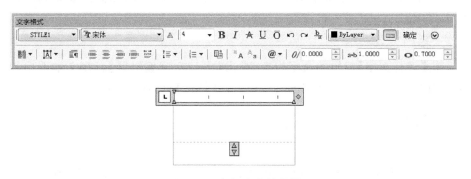

图7-5 多行文字编辑器

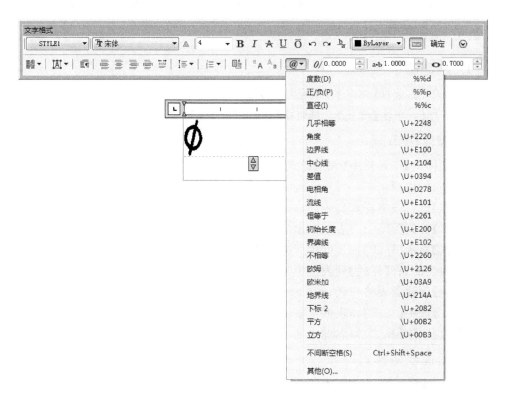

图7-6 特殊符号快捷菜单

7.1.4 编辑和修改文字

1. 单行文字

双击【单行文字】编辑的文字内容,系统进入输入"单行文字"状态,此时可以修改和编辑文字的内容,但是文字的字高、字体等特性不能修改,如需修改则利用【特性】对话框完成。

2. 多行文字

双击【多行文字】编辑的文字内容,弹出【多行文字编辑器】。在文本框中编辑修改文字内容和特性。多行文字的特性也可在【特性】对话框完成。

7.2 表格与表格样式

AutoCAD 的表格是在行和列中包含数据的对象,可以从空表格或表格样式开始创建表格,也可以将表格链接到 Excel 电子表格中。在创建表格前要先定义表格的样式。

7.2.1 设置表格样式

1. 启动命令

① 菜单栏:选择【格式】|【表格样式】命令。
② 工具栏:单击【样式】工具栏中【表格样式】按钮 。

2. 操作格式

单击【样式】工具栏中【表格样式】按钮 ,弹出图 7-7 所示的对话框。
各选项的作用:
【样式】已有表格样式列表。
【列出】控制【样式】列表框显示的内容。
【预览】显示【样式】列表框中所选表格的预览图。
【置为当前】将【样式】列表框中某一表格样式设置为当前样式。
【新建】创建新表格样式。
【修改】选中【样式】列表框中某一表格样式进行参数修改。
【删除】删除【样式】列表框中某一表格样式。

3. 新建表格样式

① 单击【样式】工具栏中【表格样式】按钮 ,弹出图 7-7 所示对话框。
② 单击图 7-7 所示对话框中的【新建】按钮,弹出图 7-8 所示对话框。
③ 在对话框中给出名称:表格 1,单击【继续】按钮,弹出图 7-9 所示对话框。
④ 根据需要在对话框中设置相应参数值,设置完成后单击【确定】按钮,关闭【新

建表格样式:表格 1】对话框,退回到【表格样式】对话框,但是此时【表格样式】对话框【样式】列表中增添了一个【表格 1】,如图 7-10 所示。

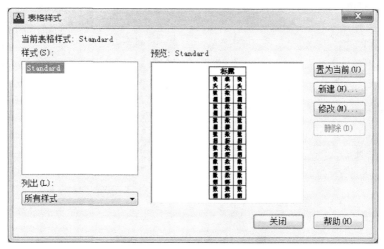

图 7-7 【表格样式】对话框

图 7-8 【创建新的表格样式】对话框

图 7-9 【新建表格样式:表格 1】对话框

第 7 章　文字标注与表格绘制

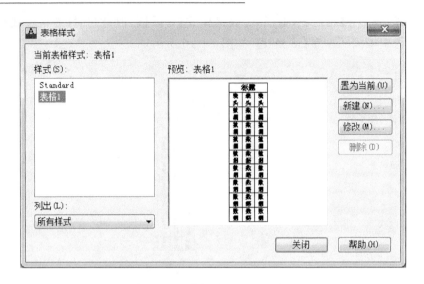

图 7-10　【表格样式】对话框

7.2.2　插入表格

1. 启动命令

① 菜单栏：选择【绘图】|【表格】命令。
② 工具栏：单击【绘图】工具栏中【表格】按钮圌。

2. 操作格式

① 单击【绘图】工具栏中【表格】按钮圌，弹出图 7-11 所示对话框。
② 在【插入表格】对话框中给出【列数】、【列宽】、【数据行数】、【行高】文本框，如图 7-11 所示。
③ 在【插入表格】对话框中选中【指定插入点】选项。
④ 单击【确定】按钮，关闭对话框，返回绘图区，表格左上角点落在光标处，随光标移动。
⑤ 拖动表格至准确给出的【指定插入点】处，单击鼠标左键，弹出如图 7-12 所示的【文字格式】编辑栏。
⑥ 此时编辑的是第一行"标题"，按【确定】按钮结束编辑。单击【确定】按钮完成表格插入，如图 7-13 所示。

7.2.3　编辑表格

① 双击如图 7-13 所示表格中的任意单元格，进入该单元格的【文字格式】编辑状态，弹出如图 7-12 所示的【文字格式】编辑栏。

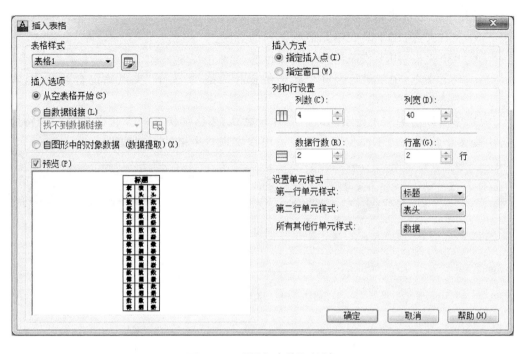

图 7-11 【插入表格】对话框

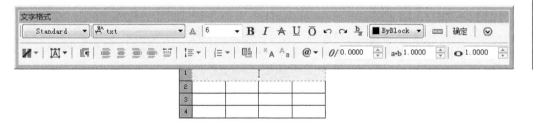

图 7-12 【文字格式】编辑

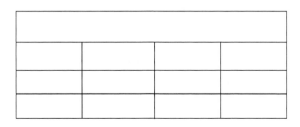

图 7-13 表格 1

② 单击任意单元格可以修改单元格的格式。此时弹出的【表格】选项卡如图 7-14 所示。表格周边出现 5 个特征点。

第7章 文字标注与表格绘制

使用夹点编辑表格：
- 左右夹点：用于改变单元格所在列的宽度。
- 上下夹点：用于改变单元格所在行的高度。
- 右下夹点：用于进行合并单元格的操作。拖动"右下"夹点确定合并范围，右击选择合并方式。

③ 单击如图7-14所示的表格最外轮廓线，表格如图7-15状态显示。表格周边出现多个特征点。不同位置的特征点可以实现对表格的不同编辑。

图7-14 单元表格编辑

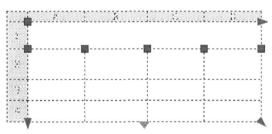

图7-15 整体表格编辑

上机实践

1. 创建图7-16所示的文字，其中，"技术要求"的字高为7，其余文字的字高为3.5。

技术要求

1、主轴轴线对底面的平行度公差值为0.04/100。
2、铣刀轴端的轴向窜动不大于0.05。
3、各配合、密封、螺钉联接处润滑脂润滑。
4、未加工外表面涂灰色漆内表面涂红色耐油漆。

图7-16 创建文字

2. 创建图 7-17 所示的零件图标题栏。

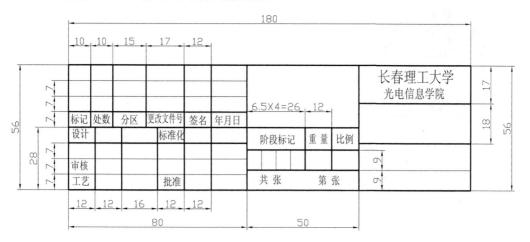

图 7-17　零件图标题栏

3. 创建图 7-18 所示的装配图明细表。

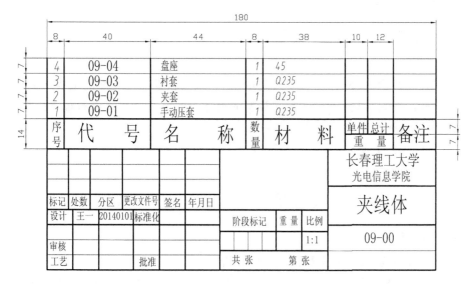

图 7-18　装配图明细表

第8章 尺寸标注

本章学习的主要内容：
- 尺寸标注样式设置；
- 尺寸标注命令；
- 标注尺寸公差；
- 多重引线；
- 标注形位公差；
- 编辑修改尺寸。

8.1 尺寸标注样式设置

在工程图样中，尺寸标注是零件制造、工程施工和零部件装配的重要依据。设置多种尺寸标注样式，以便于标注不同类型的尺寸。在设置之前需进行如下操作：
① 为尺寸标注创建一个图层；
② 为尺寸文本建立专用的文字样式；
③ 设置必要的目标捕捉方式。

8.1.1 启动标注样式管理器

1. 启动命令

① 菜单栏：选择【格式】|【标注样式】命令。
② 工具栏：单击【样式】工具栏中【标注样式】按钮 和【标注】工具栏中【标注样式】按钮 。

2. 操作格式

单击【样式】工具栏中【标注样式】按钮 ，弹出图8-1所示对话框。
各选项的作用：
【样式】已有标注样式列表。
【列出】控制【样式】列表框显示的内容。
【预览】显示【样式】列表框中所选标注样式的预览图。

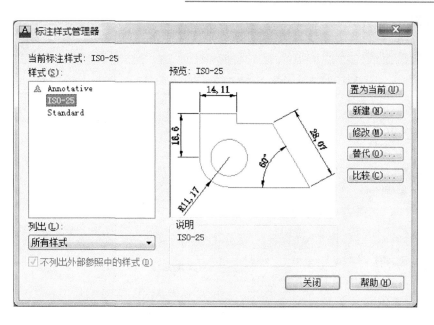

图 8-1 【标注样式管理器】对话框

【置为当前】将选中的【标注样式】设置为当前样式。
【新建】创建新【标注样式】。
【修改】选中【标注样式】列表框中某一样式进行参数修改。
【替代】创建【替代样式】。
【比较】可以对已经创建的两种样式参数进行比较。

8.1.2 创建新标注样式

1. 线性标注样式

① 在图 8-1 中单击【新建】按钮,弹出图 8-2 所示对话框。

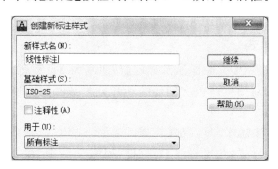

图 8-2 【创建新标注样式】对话框

② 在图 8-2 所示对话框【新样式名】框中输入【线性标注】。单击【继续】按钮,

第8章 尺寸标注

弹出如图 8-3 所示对话框。

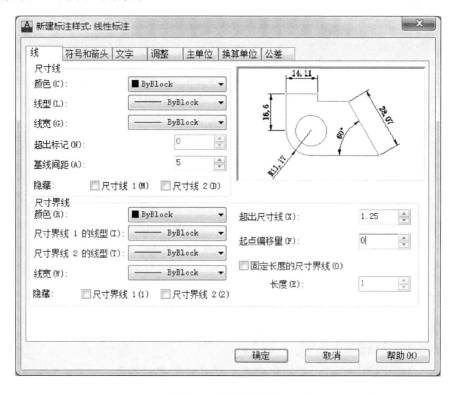

图 8-3 【线】选项卡

③ 在【线】选项卡中,将【起点偏移量】由 0.625 改成 0,【基线间距】由 3.75 改成 5,如图 8-3 所示。

④ 在图 8-4 所示【文字】选项卡中【文字高度】2.5 改成 3.5。

⑤ 在图 8-5 所示【调整】选项卡中【调整选项】处选择【文字】。

⑥ 单击【确定】按钮,退回到【标注样式管理器】对话框,但此时【样式】列表中已增添了【线性标注】新样式,如图 8-6 所示。

2. 角度标注样式

① 在图 8-6 中选中【线性标注】,此时【线性标注】呈蓝色,单击【新建】按钮,弹出【创建新标注样式】对话框。再次创建的新样式参数和【线性标注】样式参数一致,在此基础上修改其他参数即可。

② 在【创建新标注样式】对话框【新样式名】框中输入【角度标注】。单击【继续】按钮,弹出【新建标注样式:角度标注】对话框,如图 8-7 所示。

③ 在【文字】选项卡中【文字对齐】方式改为【水平】,如图 8-7 所示。其他选项卡无需修改。

第 8 章　尺寸标注

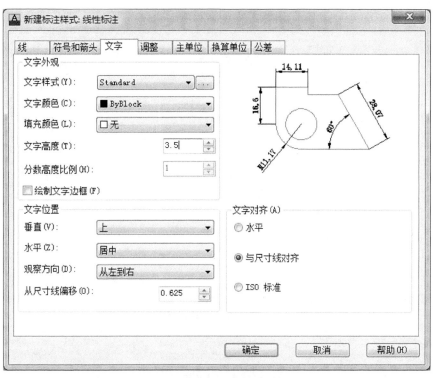

图 8-4　【文字】选项卡

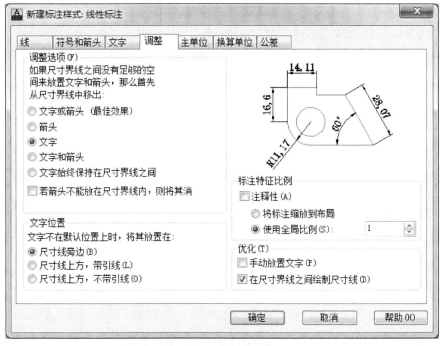

图 8-5　【调整】选项卡

第8章 尺寸标注

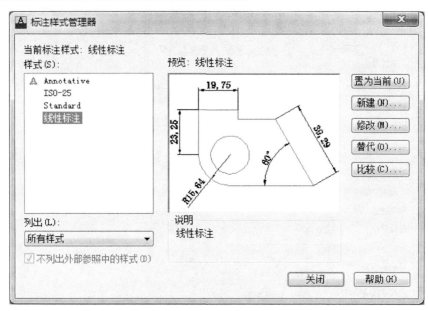

图 8-6 【标注样式管理器】对话框

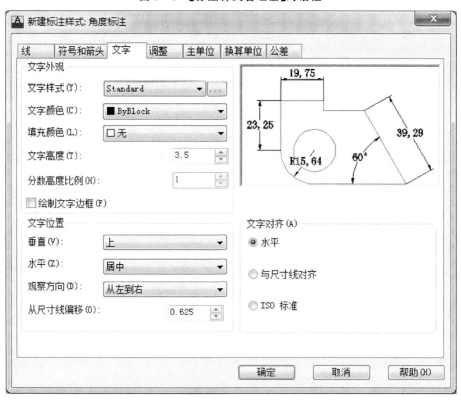

图 8-7 【新建标注样式:角度标注】对话框

④ 单击【确定】按钮,退回到【标注样式管理器】对话框,此时【样式】列表中又增添了【角度标注】新样式。

3. 加前缀φ线性标注样式

① 在【线性标注】基础上,新建【前缀φ线性标注】样式。单击【新建】弹出【创建新标注样式】对话框。

② 在【创建新标注样式】对话框【新样式名】框中输入【前缀φ线性标注】。单击【继续】按钮,弹出【新建标注样式:前缀φ线性标注】对话框。

③ 在【主单位】选项卡【前缀】右侧的文本框中输入【%%c】,如图8-8所示。其他选项卡无须修改。

④ 单击【确定】按钮,退回到【标注样式管理器】对话框,此时【样式】列表中又增添了【前缀φ线性标注】新样式,如图8-9所示。

【标注样式】设置完成后,在样式工具栏中标注样式处可以显示下拉列表。在此列表中,鼠标单击【样式名】即设定为当前【标注样式】。

提示: 尺寸标注样式可以在绘图过程中根据需要随时添加,无须一次设置完成。

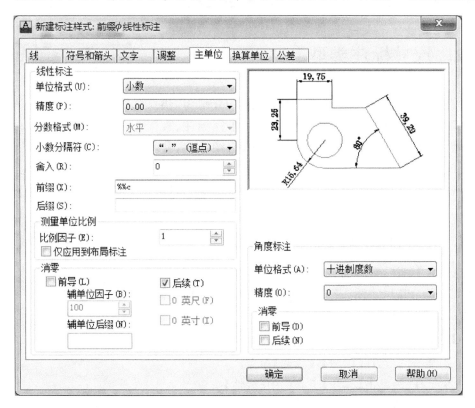

图8-8 【新建标注样式:前缀φ线性标注】中【主单位】选项卡

第8章 尺寸标注

图 8-9 【标注样式管理器】对话框

8.2 尺寸标注类型

AutoCAD 提供了多种尺寸标注类型，分别为：快速标注、线性标注、对齐标注、坐标标注、半径标注、直径标注、角度标注、基线标注、连续标注、引线标注、公差标注、圆心标注等。利用这些命令可以完成图样的尺寸标注，尺寸标注命令集中在【标注】下拉菜单和【标注】工具栏内，如图 8-10 和图 8-11 所示。

8.2.1 标注线性尺寸

【线性】标注，可以标注两点间水平和垂直方向的坐标差值。在【尺寸标注样式】列表中选择【线性标注】置为当前标注样式。

1. 启动命令

① 菜单栏：选择【标注】|【线性】命令。
② 工具栏：单击【标注】工具栏中【线性】按钮┠─┤。

2. 操作格式

单击【标注】工具栏中【线性】按钮┠─┤。按命令行提

图 8-10 【标注】下拉菜单

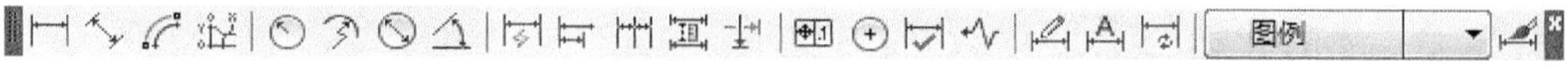

第 8 章 尺寸标注

图 8-11 【标注】工具栏

示操作完成图 8-12 所示的尺寸标注。

命令:_dimlinear
　　指定第一个尺寸界线原点或〈选择对象〉:(利用对象捕捉第一个尺寸界线起点 A)
　　指定第二条尺寸界线原点:(利用对象捕捉第二个尺寸界线起点 B)
　　(创建了无关联的标注)
　　指定尺寸线位置或[多行文字(M)/文字(T)/角度(A)/水平(H)/垂直(V)/旋转(R)]:(移动鼠标选择适当位置单击左键结束标注)
　　标注文字 = 40

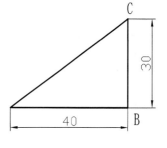

图 8-12 线性标注

直接回车,重复线性标注命令,完成 BC 两点间的尺寸标注,标注结果如图 8-12 所示。

8.2.2 标注对齐尺寸

对齐标注用于标注两点间的直线距离,一般用于标注倾斜直线的长度。在【尺寸标注样式】列表中选择【线性标注】置为当前标注样式。

1. 启动命令

① 菜单栏:选择【标注】|【对齐】命令。
② 工具栏:单击【标注】工具栏中【对齐】按钮 。

2. 操作格式

单击【标注】工具栏中【对齐】按钮 ,按命令行提示进行操作。

命令:_dimaligned
　　指定第一个尺寸界线原点或〈选择对象〉:(利用对象捕捉第一个尺寸界线起点 A)
　　指定第二条尺寸界线原点:(利用对象捕捉第二个尺寸界线起点 C)
　　(创建了无关联的标注)。
　　指定尺寸线位置或[多行文字(M)/文字(T)/角度(A)]:(移动鼠标选择适当位置单击结束标注)
　　标注文字 = 50

标注结果如图 8-13 所示。

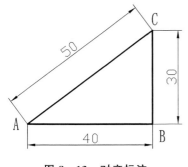

图 8-13 对齐标注

8.2.3 标注基线尺寸

基线标注是在线性标注结束后,运行【基线】标注。在【尺寸标注样式】列表中将线性标注置为当前标注样式。

单击【标注】工具栏中【线性】按钮,按命令行提示进行操作。

命令:_dimlinear
指定第一个尺寸界线原点或〈选择对象〉:(利用对象捕捉第一个尺寸界线起点 A)
指定第二条尺寸界线原点:(利用对象捕捉第二个尺寸界线起点 B)
指定尺寸线位置或[多行文字(M)/文字(T)/角度(A)/水平(H)/垂直(V)/旋转(R)]:(移动鼠标选择适当位置单击结束标注)
标注文字 = 30

单击【标注】工具栏中【基线】按钮,按命令行提示操作。

命令:_dimbaseline
指定第二条尺寸界线原点或[放弃(U)/选择(S)]〈选择〉:(利用对象捕捉第二个尺寸界线起点 C)
标注文字 = 60
指定第二条尺寸界线原点或[放弃(U)/选择(S)]〈选择〉:(按 Enter 键,可以继续标注以 A 点为起始点的若干基线尺寸)

结果如图 8-14 所示。

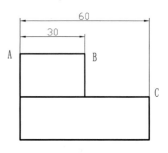

图 8-14 基线标注

8.2.4 标注连续尺寸

连续标注是在线性标注结束后,运行【连续】标注。在【尺寸标注样式】列表中将【线性标注】置为当前标注样式。

单击【标注】工具栏中【线性】按钮,按命令行提示进行操作。

命令:_dimlinear
指定第一个尺寸界线原点或〈选择对象〉:(利用对象捕捉第一个尺寸界线起点 A)
指定第二条尺寸界线原点:(利用对象捕捉第二个尺寸界线起点 B)
指定尺寸线位置或[多行文字(M)/文字(T)/角度(A)/水平(H)/垂直(V)/旋转(R)]:(移动鼠标选择适当位置单击结束标注)
标注文字 = 30

单击【标注】工具栏中【连续】按钮,按命令行提示进行操作。

命令:_dimcontinue
指定第二条尺寸界线原点或[放弃(U)/选择(S)]〈选择〉:(利用对象捕捉第二个尺寸界线起点 C)
标注文字 = 30

指定第二条尺寸界线原点或[放弃(U)/选择(S)]<选择>：
(按 Enter 键,可以继续标注以最后点为起始点的若干连续
尺寸)

结果如图 8-15 所示。

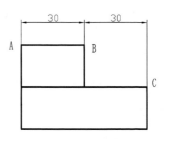

图 8-15　连续标注

8.2.5　标注角度尺寸

角度标注可以标注两直线间夹角,也可以标注圆弧的包含角,如图 8-16 所示。在【尺寸标注样式】列表中选择【角度标注】置为当前标注样式。

单击【标注】工具栏中【角度】按钮△,按命令行提示进行操作。

命令:_dimangular
选择圆弧、圆、直线或<指定顶点>:(移动鼠标选中 AB 直线)
选择第二条直线:(移动鼠标选中 AC 直线)
指定标注弧线位置或[多行文字(M)/文字(T)/角度(A)/象限点(Q)]:(移动鼠标选择适当位置单击结束标注)
标注文字 = 45

结果如图 8-16(a)所示。

标注圆弧的包含角时,只需选择圆弧上的任意一点即可;标注完整圆上的一段圆弧的包含角时需要确定标注包含角的圆弧范围。

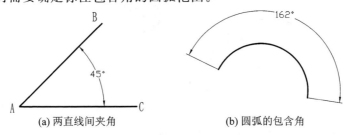

(a) 两直线间夹角　　　　(b) 圆弧的包含角

图 8-16　角度标注

8.2.6　标注半径尺寸

标注半径直径型尺寸之前,要设置"半径直径"尺寸标注类型,在线性标注基础上【创建新标注样式】名称为【半径直径】。在【文字】选项卡中【文字对齐】方式改为【ISO标准】;在【调整】选项卡中【优化】方式勾选【手动放置文字】。其他选项卡无须修改。

【半径】标注可以标注圆弧的半径。

单击【标注】工具栏中【半径】按钮◎,按命令行提示进行操作。

命令:_dimradius
选择圆弧或圆:(鼠标选择圆弧上任意一点)

第 8 章 尺寸标注

标注文字 = 20(显示所标圆弧的半径值)

指定尺寸线位置或 [多行文字(M)/文字(T)/角度(A)]：(鼠标移动将尺寸线置于适当方向、尺寸数字放在适当位置)

结果如图 8-17 所示。

8.2.7 标注直径尺寸

直径标注可以标注圆弧和圆的直径。在【尺寸标注样式】列表中选择【半径直径】置为当前标注样式。

单击【标注】工具栏中【直径】按钮 ⊘，按命令行提示进行操作。

命令：_dimdiameter
选择圆弧或圆：(光标选择圆弧上任意一点)
标注文字 = 40(显示所标圆弧的直径值)
指定尺寸线位置或 [多行文字(M)/文字(T)/角度(A)]：(鼠标移动将尺寸线置于适当方向、尺寸数字放在适当位置)

结果如图 8-18 所示。

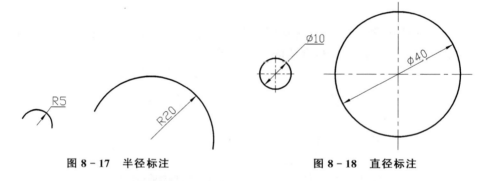

图 8-17 半径标注　　　　图 8-18 直径标注

8.2.8 标注带前缀 φ 的线性尺寸

在【尺寸标注样式】列表中选择【前缀 φ 线性标注】置为当前标注样式。标注如图 8-19 所示的 φ30 尺寸操作格式为 8.2.1 小节的线性标注。

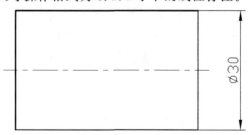

图 8-19 前缀 φ 线性标注

8.2.9 标注尺寸公差

在标注如图 8-19 所示的 φ30 完成之后,单击【标准】工具栏中的【特性】按钮,打开【特性】对话框。单击 φ30 尺寸任意位置,此时【特性】对话框中显示 φ30 尺寸的全部信息,拖动左侧滚动条至【公差】,见图 8-20(a)。修改相应参数,如图 8-20(b)所示,右击或按 Enter 键确认,结果如图 8-21 所示。

也可以通过设置"替换样式"实现尺寸公差的标注。

(a) 参数修改前 (b) 参数修改后

图 8-20 特性修改

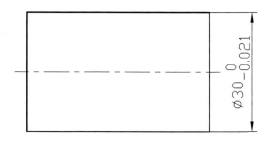

图 8-21 标注尺寸公差

第 8 章　尺寸标注

8.2.10　多重引线

装配图中需要引出序号,标注形位公差也需要绘制引线。多重引线可以完成多种形式的引线标注。

选择【格式】下拉菜单中【多重引线样式】命令,弹出如图 8-22 所示对话框。在此对话框中新建需要的样式,在各样式中对其引线格式、引线结构、内容等参数进行相应设置。使用哪种设置时将该"样式"置为当前。

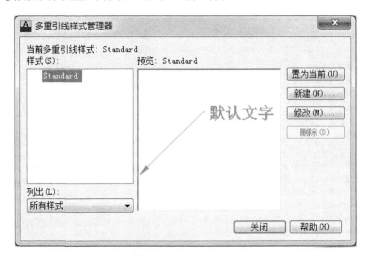

图 8-22　【多重引线样式管理器】对话框

8.2.11　标注形位公差

在零件图中会有形位公差的标注要求。

1. 形位公差标注

单击【标注】工具栏中的【公差】按钮,弹出如图 8-23 所示对话框。

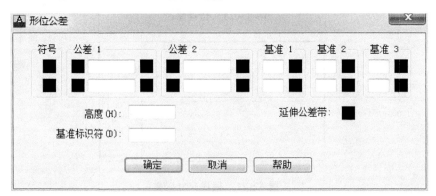

图 8-23　【形位公差】对话框

【符号】 单击下面的黑色框,弹出图 8-24 所示对话框。选择一个形位公差特征后关闭此对话框,退回【形位公差】对话框。此时【符号】下面的黑色框内显示此特征符号。

【公差】 在下面的黑色框区单击可添加字符 φ,再次单击又可以消除。可在黑色框右边的文本框中输入公差值。单击文本框后面的黑色框,弹出图 8-25 所示对话框,在此选择公差包容条件。

【基准】 文本框中需要输入定义基准符号,单击后面的黑色框,弹出图 8-25 所示对话框,在此选择基准包容条件。

图 8-24 【特征符号】对话框

图 8-25 【附加符号】对话框

提示:此时完成的标注无引线,如需带引线标注需运行 LEADER 命令。

2. 带引线形位公差标注

操作格式:在命令行键盘输入 LEADER 命令,之后按 Enter 键。

命令:LEADER
指定引线起点:(光标确定起点位置)
指定下一点:(光标确定第二点位置)
指定下一点或 [注释(A)/格式(F)/放弃(U)]〈注释〉:(按 Enter 键)
输入注释文字的第一行或〈选项〉:(按 Enter 键)
输入注释选项 [公差(T)/副本(C)/块(B)/无(N)/多行文字(M)]〈多行文字〉:t(输入字母 t 后按 Enter 键)

弹出如图 8-23 所示对话框,进入上面叙述的标注过程,最后完成带引线的形位公差标注。

8.3 编辑尺寸标注

尺寸标注完成后,有时需要对标注位置、内容等进行调整和编辑。AutoCAD 对编辑标注和编辑文字等提供了比较灵活的操作方法。

第8章 尺寸标注

8.3.1 编辑标注

编辑标注可以编辑所选标注对象上的标注文字和尺寸界线。在【标注】工具栏中的单击【编辑标注】按钮,进入【编辑标注】状态,命令行出现提示如下:

输入标注编辑类型［默认(H)/新建(N)/旋转(R)/倾斜(O)］＜默认＞:

提示行各选项的含义和作用如下:

【默认】 表示按默认位置和方向放置尺寸文字。
【新建】 使用文字编辑器更改选定的标注文字。
【旋转】 可将尺寸文字旋转一个角度。
【倾斜】 可使尺寸界线倾斜一定角度。

几种编辑选项的标注如图 8-26 所示。

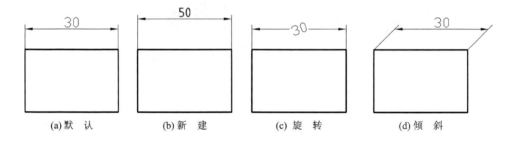

(a)默 认   (b)新 建   (c)旋 转   (d)倾 斜

图 8-26 编辑标注图例

8.3.2 编辑标注文字

编辑标注文字可以编辑所选标注对象上的标注文字和尺寸线。在标注工具栏中的单击编辑标注文字按钮,进入"编辑标注文字"状态,命令行出现提示如下:

选择标注:
为标注文字指定新位置或［左对齐(L)/右对齐(R)/居中(C)/默认(H)/角度(A)］:

先选择被编辑的"对象",之后出现【指定新位置】提示行。选择提示行中不同选项,可以改变文字对正方式,也可以通过旋转角度改变文字方向。

8.3.3 使用"特性"选项板编辑标注

单击【标准】工具栏中的【特性】按钮,打开【特性】对话框。选择图 8-26(a)所示的尺寸标注,该尺寸标注的信息显示在对话框中。拖动滚动条找到需要编辑的要素位置,可以编辑尺寸标注的相关信息。

如将文字 30 改为 φ30,则拖动滚动条至【文字】选项处,在选项最后一行【文字替代】后面的文本框中输入【%%c30】,按 Enter 键结束编辑,结果如图 8-26(b)所示。

光标置于需要编辑的尺寸标注处,双击弹出【多行文本】编辑器也可以修改相关信息。

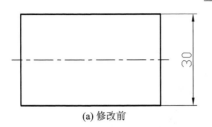
(a) 修改前

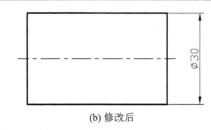
(b) 修改后

图 8-27　利用【特性】编辑尺寸

上机实践

绘制图 8-28～图 8-34 所示图形,并标注尺寸。

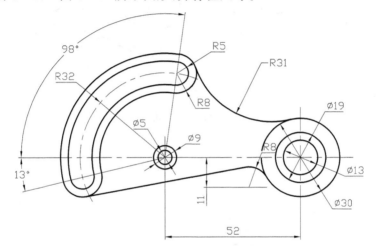

图 8-28　综合练习一

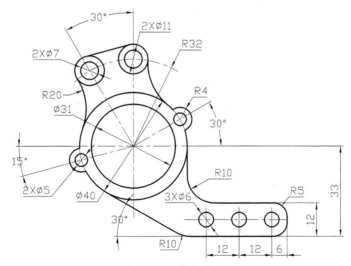

图 8-29　综合练习二

第 8 章 尺寸标注

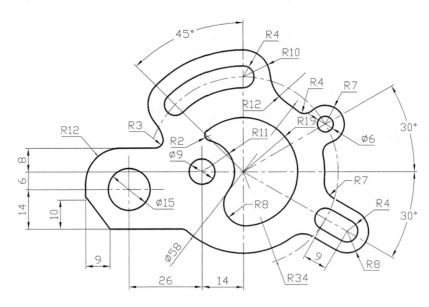

图 8-30 综合练习三

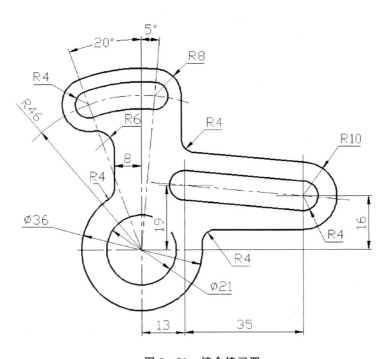

图 8-31 综合练习四

第 8 章 尺寸标注

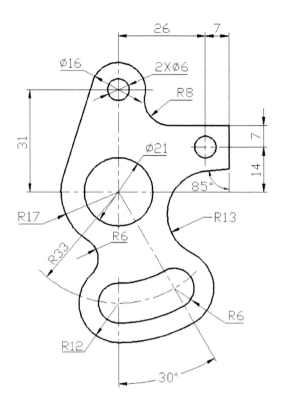

图 8-32 综合练习五

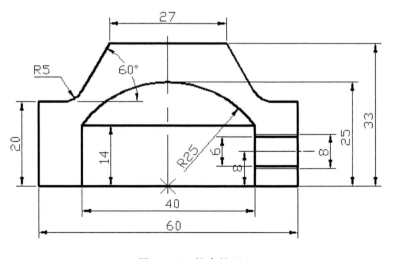

图 8-33 综合练习六

第8章 尺寸标注

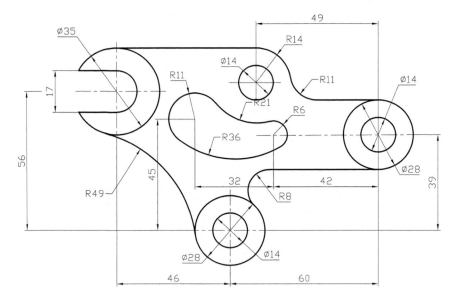

图 8-34 综合练习七

第 9 章

绘制零件图与拼画装配图

本章学习的主要内容：
- 创建样板图；
- 绘制零件图；
- 拼画装配图；
- 拆画零件图。

9.1 绘制零件图

零件图是加工制造零件的依据,它有四项内容:表达零件结构形状的一组图形、全部尺寸、技术要求和标题栏。本节重点介绍利用 AutoCAD 完成这四项内容的操作过程。

9.1.1 创建零件图样板图

在绘制零件图之前,要根据机械制图国家标准,创建符合国标要求的图纸幅面、线型、字体、尺寸样式等绘图环境并保存成模板样图,以备反复调用,提高绘图效率。

1. 新建一个绘图文档

在命令窗口中输入 NEW 命令并按 Enter 键,或者单击【标准】工具栏上的按钮，或者选择【文件】下拉菜单中的【新建】命令,弹出【选择样板】对话框,如图 9-1 所示。在此对话框中作如下操作:
- 【文件名】 从键盘输入【A3 样板图】。
- 【文件类型(T)】 在此选项中选择【图形(＊.dwg)】。
- 【打开】 单击下三角按钮,选择【无样板图打开－公制(M)】。

单击【打开】按钮系统进入 AutoCAD 初始界面。

2. 设置图层信息

一张完整的零件图包含有视图、尺寸标注、剖面符号、汉字书写、标题栏和明细栏等。其中,视图是由不同线宽和线型的图线组成。所以要设置多个图层以满足绘制图样中的不同信息,也便于编辑和修改。图层设置如图 9-2 所示。

第 9 章　绘制零件图与拼画装配图

图 9-1　【选择样板】对话框

图 9-2　图层设置

3. 设置尺寸标注样式

打开【标注样式管理器】对话框，根据所绘制图样尺寸标注类型的不同，新建多种样式如图 9-3 所示。设置各种样式中【标注样式管理器】的各参数。如"角度"型尺寸标注样式文字要保持水平书写，"线性直径"样式要在"主单位"选项卡中"前缀(S)"后面的框格中输入"%%c"等。尺寸标注样式和图层设置都可以在绘图过程中根据需要随时增添。

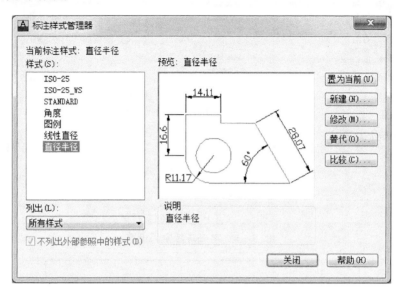

图 9-3　尺寸标注样式设置

4. 设置文字样式

机械制图国家标准 GB/T 14691—93 中规定，汉字字体应设为【T 仿宋_GB2312】，如图 9-4 所示。字母与数字字体应设为【isocp.shx】，如图 9-5 所示。

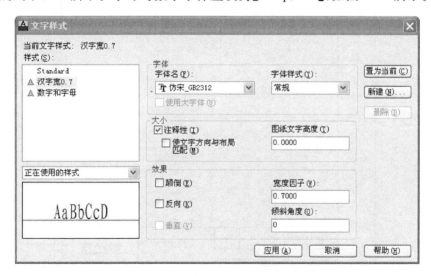

图 9-4　汉字的设置

5. 绘制样板图

绘制标准 A4 图幅样板图，如图 9-6 所示。

第9章 绘制零件图与拼画装配图

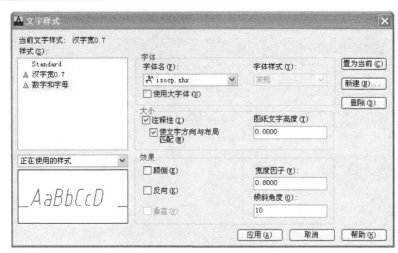

图 9-5 字母与数字的设置

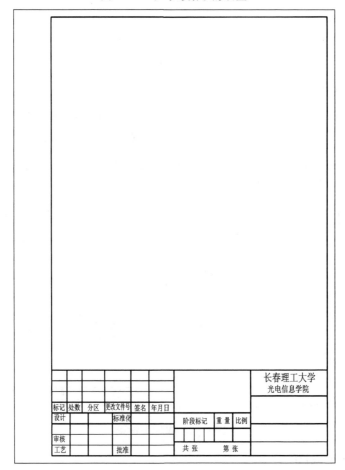

图 9-6 A4 图框与标题栏

① 用细实线绘制长 210、宽 297 的矩形做 A4 图幅的外边框。
② 用【偏移】、【修剪】、【特性】等编辑命令绘制 A4 图幅粗实线内框。
③ 将前面章节中绘制的"标题栏"创建成"外部图块",块名为"标准标题栏",以备后面经常调用。
④ 将标题栏图块插入到 A4 图幅的边框中。
⑤ 完成如图 9-6 所示的标准 A4 图幅的样板图。将此文件保存到指定路径下"模板图"文件夹中。

用以上步骤可以绘制不同图幅的各种样板图,都保存在"模板图"文件夹中,组成图库便于以后绘图时调用,可以避免重复劳动,提高绘图效率。

提示:*注意每次打开模板文件后直接另存为"新文件名",以保持原有样板图的信息。*

9.1.2 绘制零件图

利用 AutoCAD 绘制零件图与用尺规绘图基本相同。以图 9-7 为例说明零件图的绘制步骤。

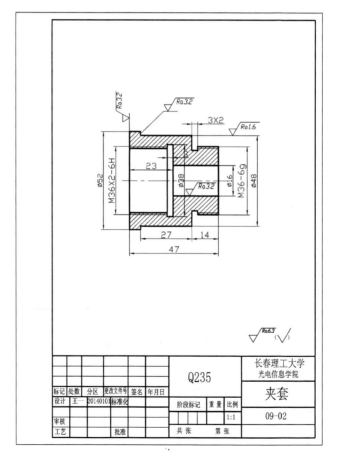

图 9-7 夹套零件图

第9章 绘制零件图与拼画装配图

① 选择比例确定图幅,打开如图9-6所示的"A4样版图",将其另存为"夹套"。
② 综合运用各种绘图和编辑命令绘制图形,如图9-8所示。

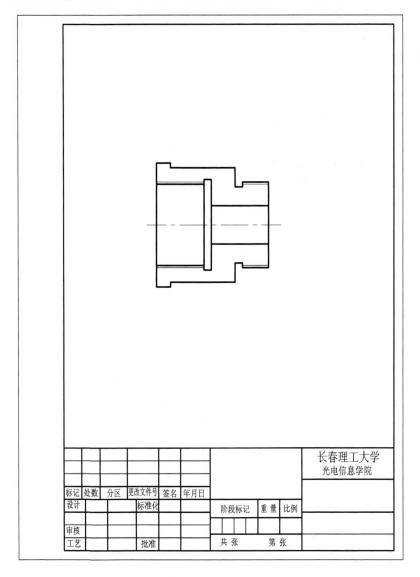

图9-8 绘制夹套视图

③ 在断面处填充剖面符号,如图9-9所示。
④ 选择合适标注样式标注全部尺寸,如图9-10所示。
⑤ 注写技术要求,如图9-11所示。
⑥ 填写标题栏,如图9-7所示。
⑦ 保存文件。

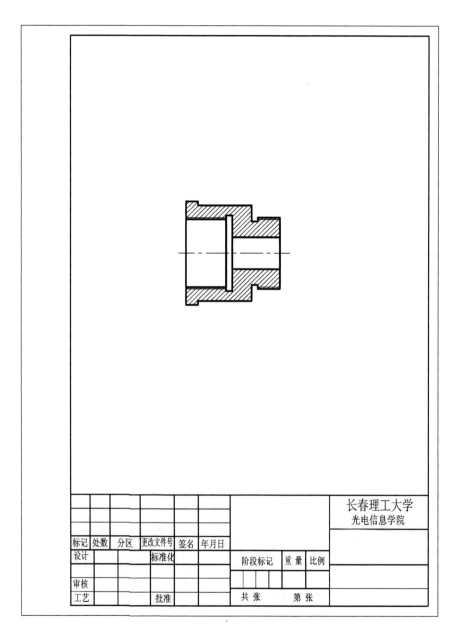

图 9-9 填充剖面符号

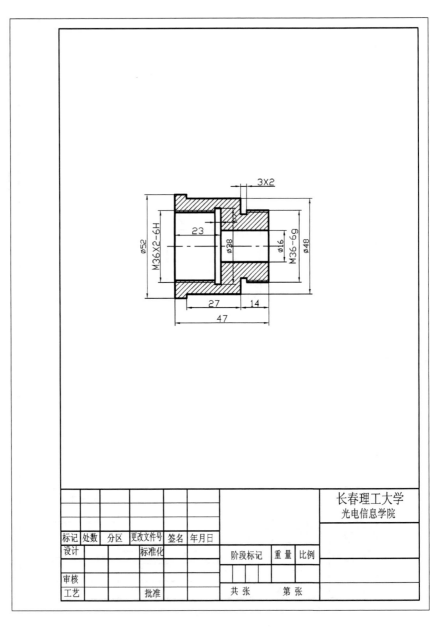

图 9-10　标注尺寸

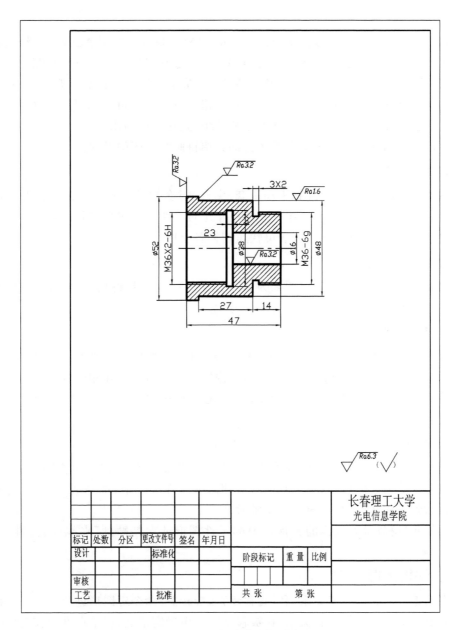

图 9-11 标注表面粗糙度

9.2 由零件图拼画装配图

将组成装配体的全部零件图绘制成 AutoCAD 图样后,再用 AutoCAD 绘制装配图的工作要比手工绘制装配图要方便很多。这个过程可以称为是拼画装配图。拼画装配图主要利用【复制到剪贴板】和【从剪贴板粘贴】两项功能,配合编辑修改中的【移动】【旋转】【打断】【删除】等编辑命令,完成图形拼画。之后再补充图形信息完成尺寸的标注、技术要求的注写、标题栏和明细栏的填写、序号的引出。

下面以如图 9-12 所示的夹线体为例介绍拼画装配图的过程。

1. 打开文件

将绘制好的夹线体零件图(手动压套、夹套、衬套和盘座)逐一打开,打开的四个零件图如图 9-13～图 9-16 所示。此时打开的零件图都在当前界面之中的"窗口"下拉菜单中,通过"窗口"下拉列表可快速切换各个图形文件。

2. 选择图幅

根据所画图样的大小确定图幅为 A3,打开 A3 样板图,将其另存为【夹线体】,如图 9-17 所示。

3. 复制图形

将四个零件图中除图形以外的信息全部关闭,保留的零件图信息如图 9-8 或图 9-9 所示即可。单击【复制】按钮,或按组合键 Ctrl+C,在相应的零件图中用矩形框将所需图形选中,如图 9-18 所示,之后按 Enter 键或右击。结果"夹套"所选图形被复制到剪贴板上待用。

4. 粘贴图形

单击【窗口】下拉菜单,选择【夹线体】将文件调入可视窗口后,单击【粘贴】按钮,或按组合键 Ctrl+V 后,"夹套"所选图形动态显示在屏幕上,选择适当位置单击,图形被粘贴到当前文件中,如图 9-19 所示。

重复此过程,将夹线体的其他需要的零件图形依次粘贴到【夹线体】文件中,如图 9-20 所示。

5. 编辑图形

根据零件之间的位置关系,利用【移动】、【旋转】等命令对图形进行移动。在移动图形时要分析零件间的位置关系,在被移动图形中确定基点,将基点准确移动到的位置确定为定位点。

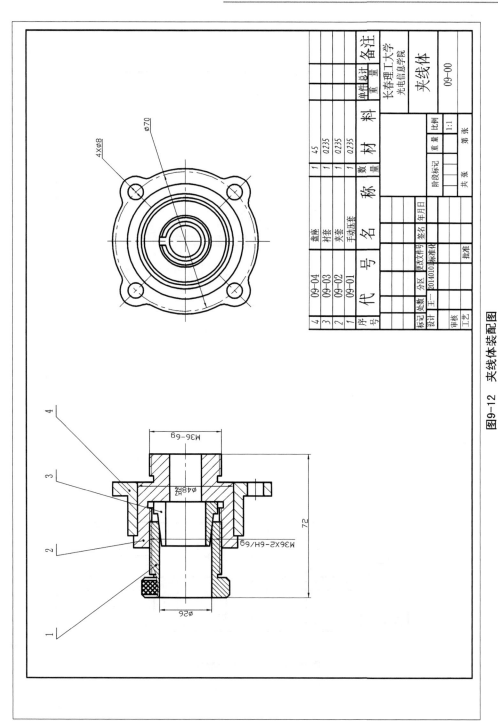

图9-12 夹线体装配图

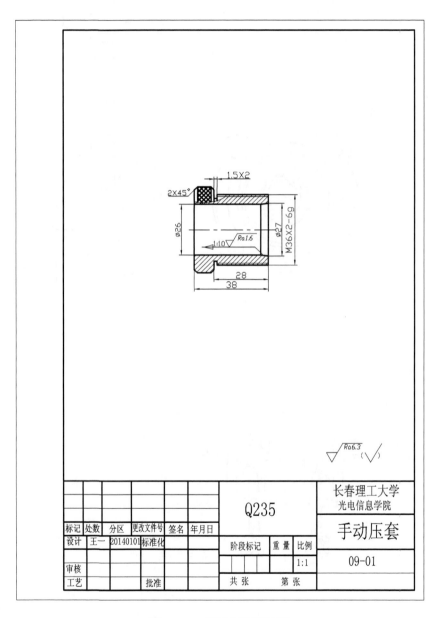

图 9-13 手动压套零件图

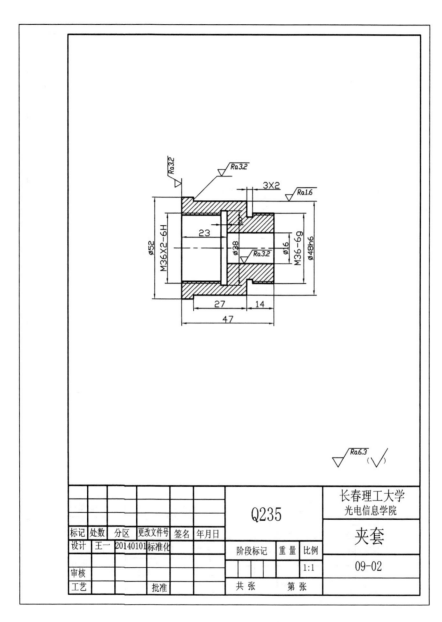

图 9-14 夹套零件图

第 9 章　绘制零件图与拼画装配图

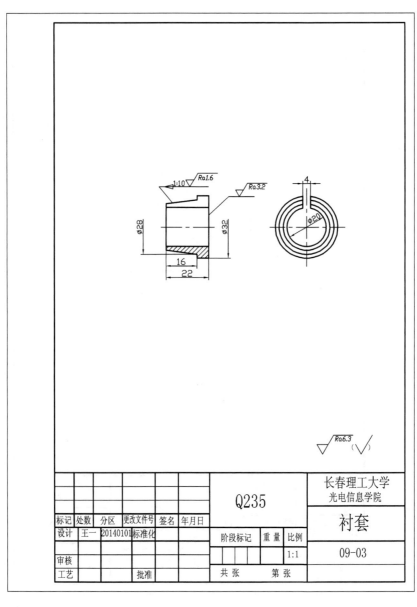

图 9-15　衬套零件图

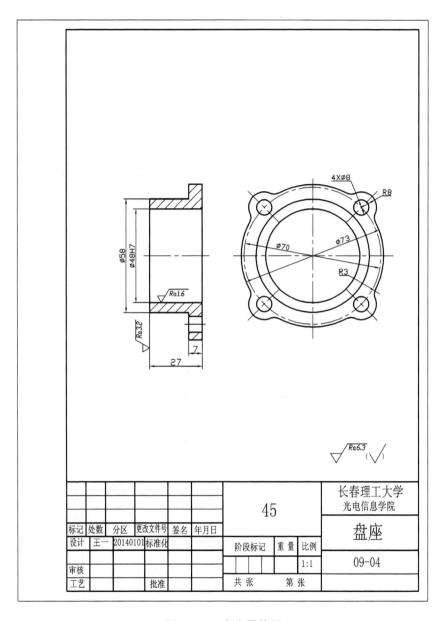

图 9-16 盘座零件图

第 9 章　绘制零件图与拼画装配图

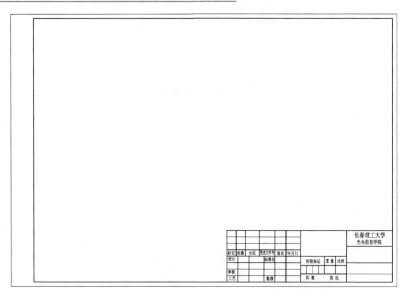

图 9-17　A3 样板图

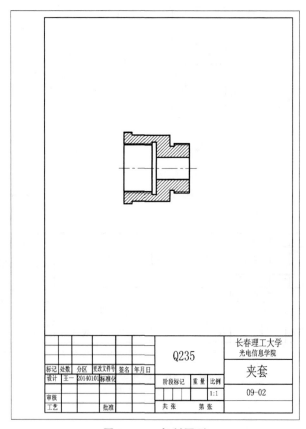

图 9-18　复制图形

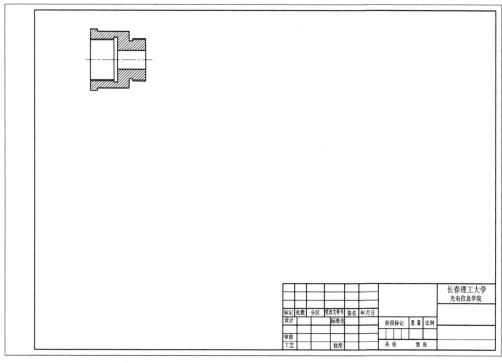

图 9-19 粘贴图形

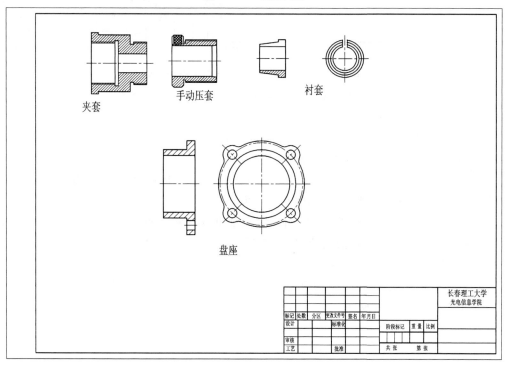

图 9-20 粘贴全部所需图形

① 打开【正交】命令,左右移动盘座两视图使其间距合理,为装配其他零件腾出空间。绘制图 9-21 所示辅助线确定移动夹套的基点,在盘座主视图中确定移动夹套后的定位点。

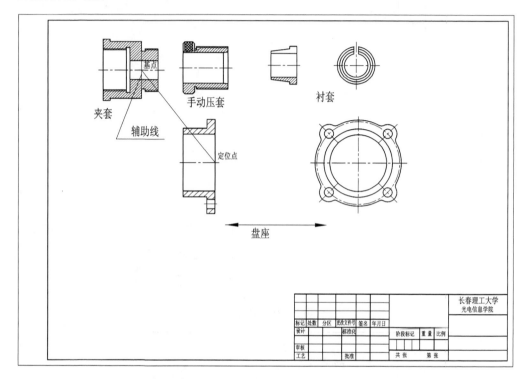

图 9-21　左右移动盘座、绘制图示辅助线

② 移动夹套,启动【移动】命令,用矩形框选夹套的全部图形信息。光标捕捉基点,移动图至准确捕捉到的定位点处,如图 9-22 所示。

③ 拼装夹套,主视图如图 9-23(a)所示,此时盘座中的部分图线被挡住,需要整理,利用【剪切】命令去除这部分图线,结果如图 9-23(b)所示。

④ 拼装衬套,按图 9-24 所示基点和定位点关系,将衬套主视图和左视图拼装到指定位置,并编辑整理结果,如图 9-25 所示。

⑤ 拼装手动压套,按图 9-26 所示绘制辅助线确定基点;按基点和定位点关系,将手动压套主视图拼装到指定位置,并编辑整理图形。此时还有内外螺纹旋合问题和相邻零件剖面线问题需要编辑整理。结果如图 9-27 所示。

⑥ 已有图形拼装完成后,完善整理装配图的左视图,将被遮挡的圆删除,补画可见的图线,如图 9-28 所示。

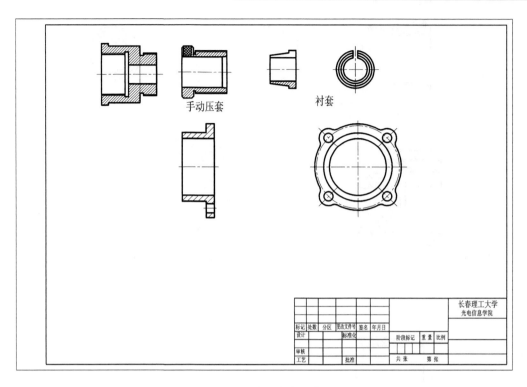

图 9-22 装配夹套到盘座

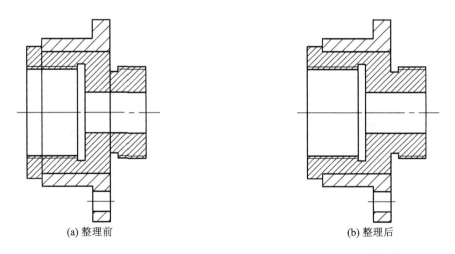

(a) 整理前　　　　　　　　　　　(b) 整理后

图 9-23 编辑整理

第 9 章　绘制零件图与拼画装配图

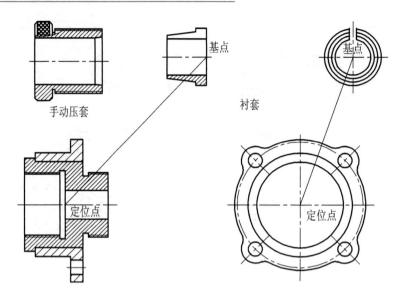

图 9-24　装配衬套

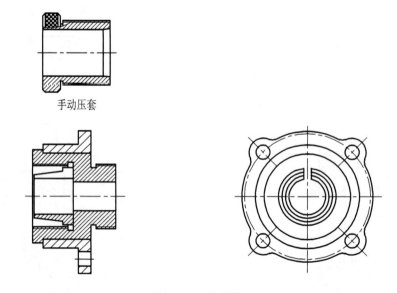

图 9-25　编辑整理

6. 标注尺寸

图形绘制完成后，按照装配图中尺寸标注的要求，选择合适的尺寸标注样式，注全尺寸，如图 9-29 所示。

7. 编写序号

利用引线标注命令编写序号，如图 9-30 所示。

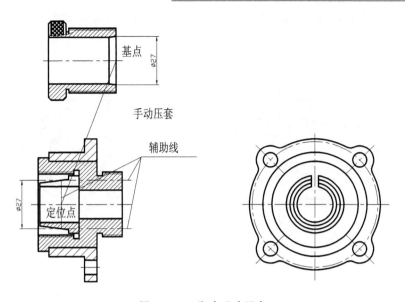

图 9-26 移动手动压套

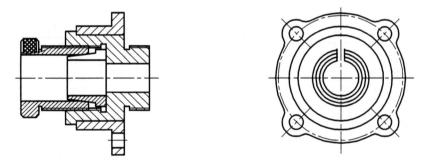

图 9-27 编辑整理

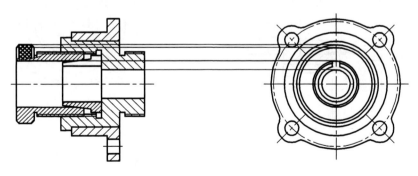

图 9-28 编辑整理左视图

第 9 章　绘制零件图与拼画装配图

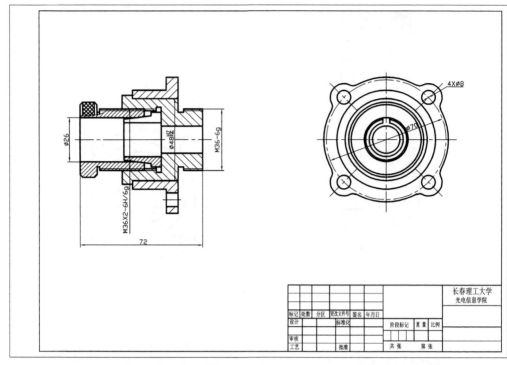

图 9-29　标注尺寸

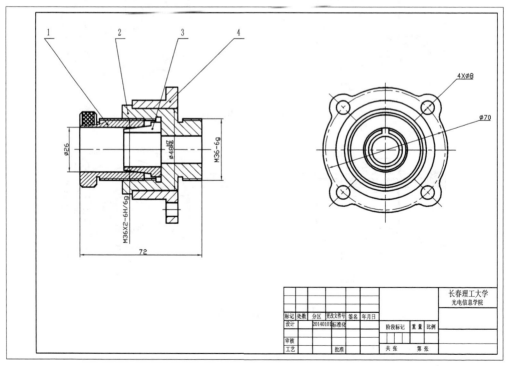

图 9-30　排列序号

8. 填写标题栏和明细表

标题栏和明细栏中的汉字用【仿宋 GB 2312】字体,数字和字母用【isocp.shx】字体。至此,夹线体装配图绘制完成,如图 9-12 所示。

9.3 由装配图拆画零件图

由装配图拆画零件图是机器设计工作中的重要环节,这一环节简称拆图。要拆图必须读懂装配图,弄清楚零件间的装配关系和零件的结构形状,而且还要考虑设计和制造方面的问题,使拆画出的零件图符合设计和工艺要求。

在图 9-12 所示的装配图中拆画序号 3,以此为例介绍由装配图拆画的零件图的步骤。

① 读懂装配图,了解所有零部件的名称、材料、作用、位置、结构和大小。

② 根据序号 3 零件的大小确定绘制其零件图的比例为 1∶1,图幅为 A4。在样板图中打开【A4 样板图】,另存为【衬套】。

③ 确定零件图的表达方案,需要两个视图。

④ 将图 9-12 所示装配图中的图形部分复制到粘贴板上,打开衬套零件图文件,粘贴到当前文档中,如图 9-31 所示。

⑤ 根据读懂的衬套的结构形状,判定其他零件的范围,将衬套之外的图线删除,如图 9-32 所示。

⑥ 分析零件构形特点及各部分相对位置,补全两视图的图线,整理图面,如图 9-33 所示。

⑦ 标注零件全部尺寸,如图 9-34 所示。

⑧ 根据零件用途、加工要求、表面粗糙度等技术要求,正确填写标题栏,如图 9-34 所示。

第 9 章 绘制零件图与拼画装配图

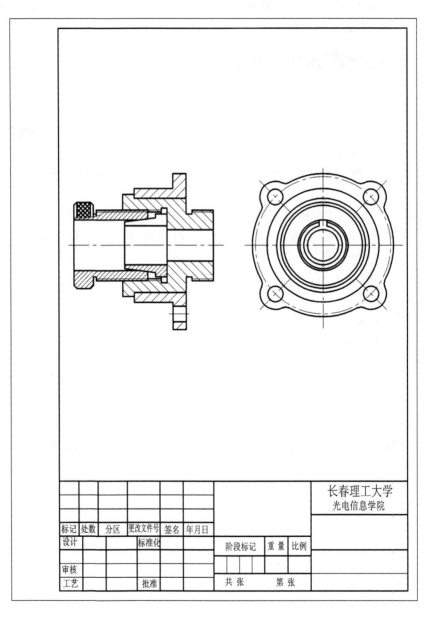

图 9-31 复制、粘贴图形

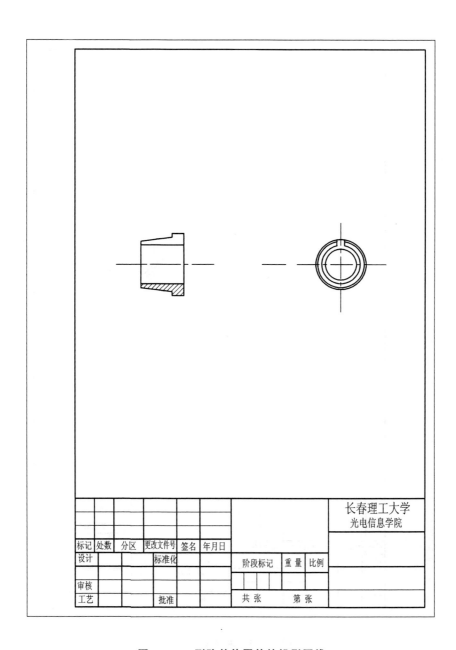

图 9-32　删除其他零件的投影图线

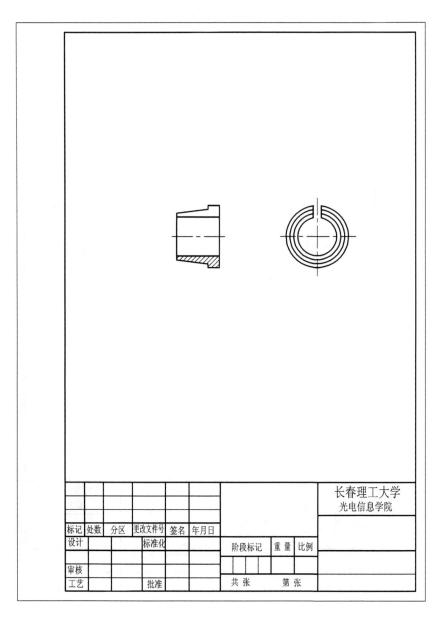

图 9－33 编辑整理图线

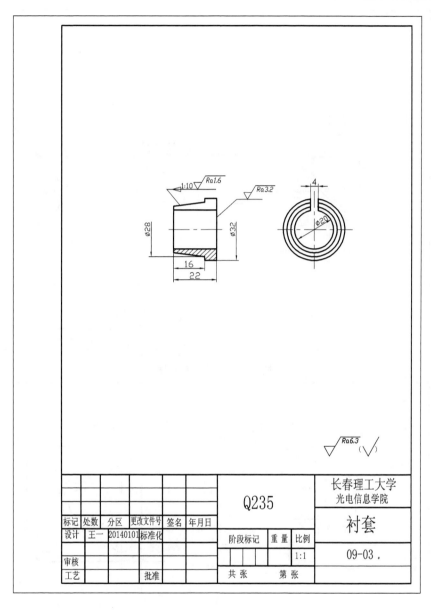

图 9-34 衬套零件图

上机实践

1. 创建一个 A3 样板图。
2. 利用所学知识完成零件图的绘制,如图 9-35 和图 9-36 所示。
3. 绘制图 9-37～图 9-42 所示千斤顶的零件图,并拼画千斤顶装配图。

第9章 绘制零件图与拼画装配图

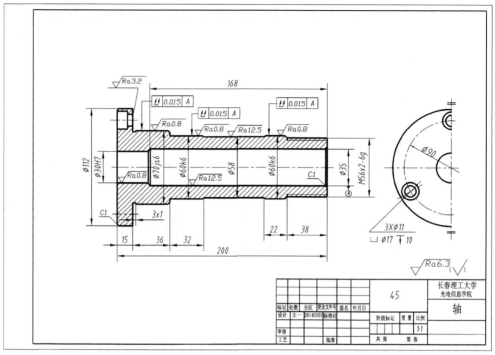

图 9-35 轴类零件图

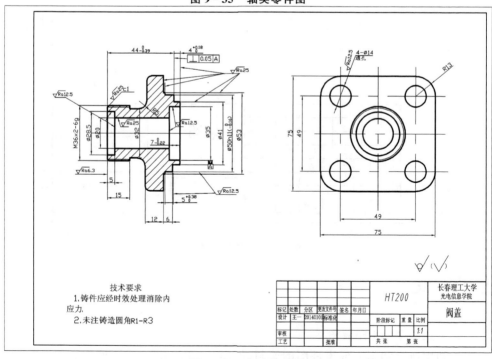

图 9-36 阀盖零件图

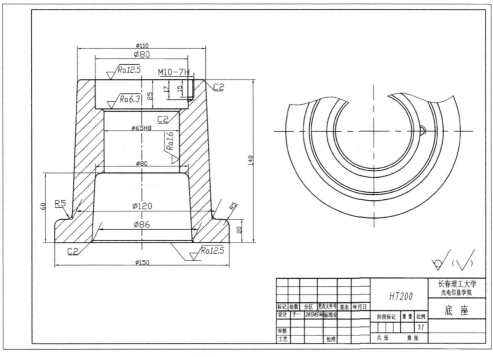

图 9-37 底 座

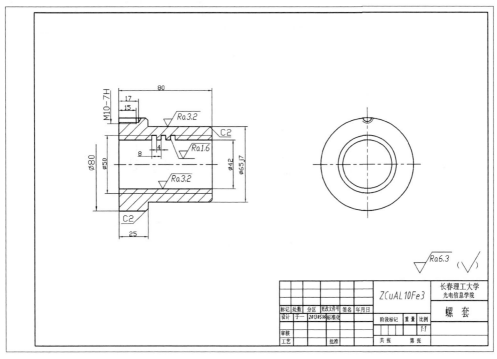

图 9-38 螺 套

第 9 章　绘制零件图与拼画装配图

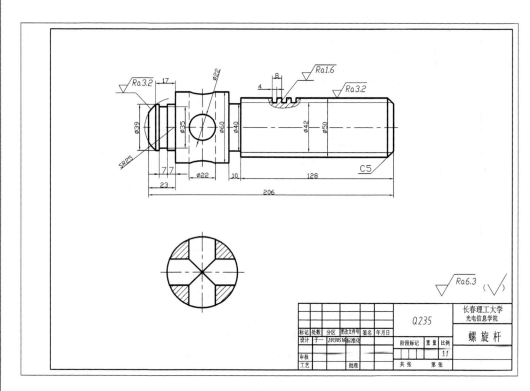

图 9-39　螺旋杆

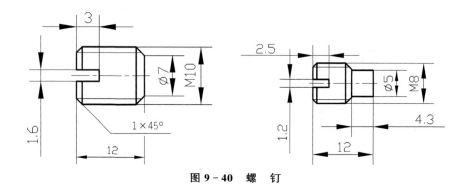

图 9-40　螺　钉

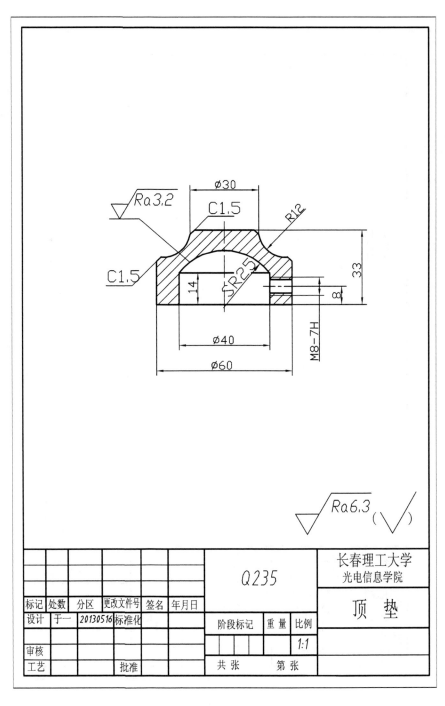

图 9-41 顶 垫

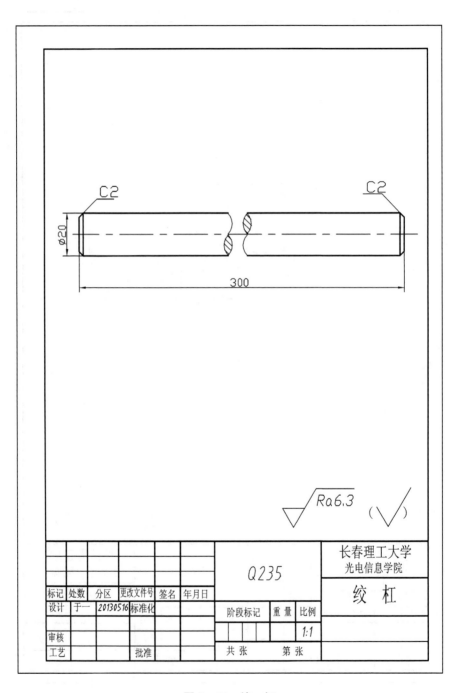

图 9-42 绞 杠

第10章 图形的打印输出

本章学习的主要内容：
- 掌握创建和管理布局；
- 掌握使用布局向导创建布局；
- 掌握在图纸空间中打印图形的方法；
- 了解电子打印及网上发布。

AutoCAD 提供了功能完善的图形输入与输出接口，系统不仅可以接收其他应用程序中处理的数据，还可以把信息传送给其他应用程序，也可以直接打印图形或生成电子图纸以便从互联网上访问。此外，为使用户能够快速有效地共享设计信息，AutoCAD 强化了其 Internet 功能，使其与互联网相关的操作更加方便、高效，如可以创建 web 格式的文件(DWF)，以及发布 AutoCAD 图形文件到 Web 页。

10.1 创建和管理布局

使用 AutoCAD 绘制的图形，可以随时在模型空间选择【文件】|【打印】命令打印。但在有些情况下，需要在一张图纸中输出图形的多个视图，因此，通常做法是在模型空间设计，在图纸空间打印。绘图窗口底部有一个【模型】选项卡和一个或多个【布局】选项卡。每个布局都代表一张单独的打印输出图样，在布局中可以创建浮动视口，并提供预知的打印设置。根据设计需要，可以创建多个布局以显示不同的视图，可以对每个浮动视口中的视图设置不同的视图，可以对每个浮动视口中的视图设置不同的打印比例并控制其图层的可见性。

10.1.1 模型空间和布局空间

模型空间是进行设计绘图的工作空间。通常在绘图中，无论是二维图形还是三维图形，其查看、绘制及编辑工作都在模型空间中进行。它为用户提供了一个广阔的区域，不必担心绘图空间是否足够大。系统的默认状态为模型空间。当在绘图过程中只涉及一个视图时，在模型空间即可以完成图形的绘制、打印等操作。布局空间主要用于打印输出图样时对图形的排列和编辑。

第10章 图形的打印输出

1. 切换模型空间

当绘图区的【模型】功能处于启用状态时,此时的工作空间的模型空间如图10-1所示。在模型空间中可以建立物体的二维或三维视图,并可以根据需要选择【视图】|【视口】命令创建多个平铺视口以表达物体不同方位的视图。

在模型空间里可以建立多个平铺视口以提高绘图者的工作效率。在模型空间中完成图形之后,进行页面设置、打印设备及打印样式设置等,然后执行打印命令。

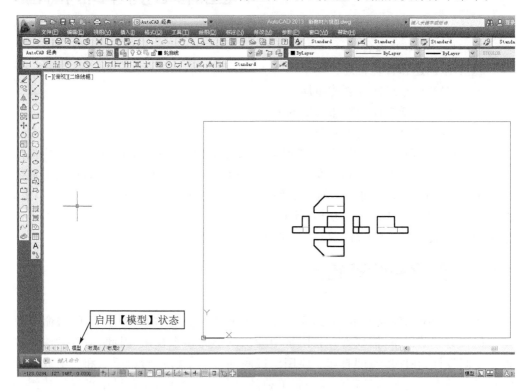

图 10-1 启用【模型】状态

2. 切换布局空间

启用状态栏中的【布局】功能按钮即可进入布局空间,如图10-2所示。在模型空间中,可以建立物体的二维或三维视图,并可以根据需要选择【视图】|【视口】命令创建多个平铺视口以表达物体不同方位的视图。

视口是指在模型空间中显示图形的某个部分的区域。对较复杂的图形,为了比较清楚观察图形的不同部分,可以在绘图区域上同时建立多个视口进行平铺,以便显示几个不同视图。创建多视口时的绘图空间不同,所得到的视口形式也不相同。若当前绘图空间是模型空间,则创建的视口称为平铺视口;若当前绘图空间是图纸空间,则创建的视口称为浮动视口。

此外,在布局空间中,要想使一个视口成为当前视口中的视图进行编辑修改,可以双击该视口。当需要将布局空间成为当前状态时,双击浮动视口边界外图样上的任意地方即可。

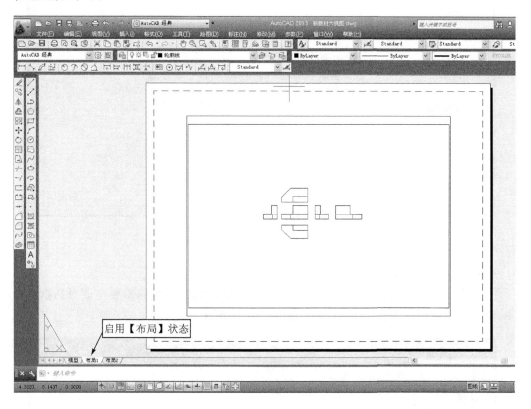

图 10-2　启用【布局】状态

3. 快速查看模型和布局

使用快速查看工具可以轻松预览打开的图形和对应的模型与布局空间,使两种空间任意切换,并且以缩略图形式显示在应用程序窗口的底部。通过应用程序状态栏中的快速查看工具可以执行快速查看图形、快速查看布局。

10.1.2　使用布局向导创建布局

使用布局向导创建布局时可以对所创建布局的名称、图样尺寸、打印方向以及布局位置等主要选项进行详细地设置,因此,利用该方式创建的布局一般不需要进行调整和修改即可执行打印操作。

1. 指定布局名称

在 AutoCAD 的模型空间中,创建完成该零件的实体模型,然后选择【插入】|【布局】|【创建布局向导】命令,系统弹出【创建布局—开始】对话框,如图 10-3 所示,即可对新布局命名。

第 10 章 图形的打印输出

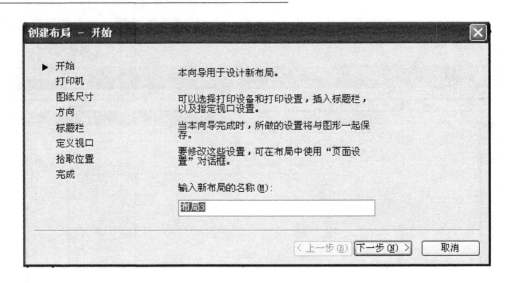

图 10-3 【创建布局—开始】对话框

2. 配置打印机

单击【下一步】按钮将打开【创建布局-打印机】对话框,根据需要在该对话框的绘图仪列表中选择所要配置的打印机,如图 10-4 所示。

图 10-4 【创建布局—打印机】对话框

3. 指定图样尺寸和方向

单击【下一步】按钮将打开【创建布局—图纸尺寸】对话框,在其下拉列表中设置布局打印图样的大小、图形单位,也可以通过【图纸尺寸】面板预览图样的具体尺寸,如图 10-5 所示。

单击【下一步】按钮将打开【创建布局—方向】对话框,点选【横向】或【纵向】单选按钮可对打印的方向设置,如图 10-6 所示。

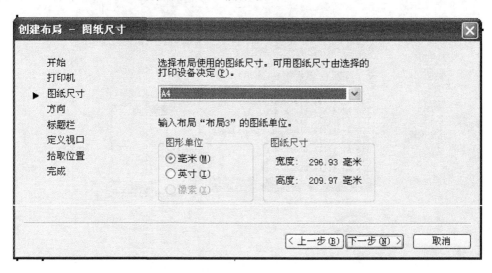

图 10-5 【创建布局—图纸尺寸】对话框

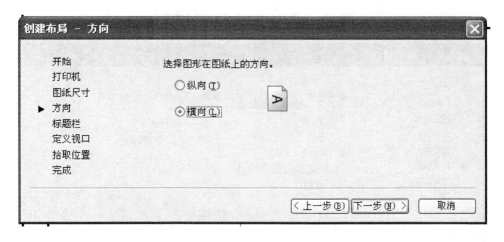

图 10-6 【创建布局—方向】对话框

4. 指定标题栏

单击【下一步】按钮将打开【创建布局—标题栏】对话框,选择图样的边框和标题栏的样式,可以从【预览】区预览所选标题栏的效果,如图 10-7 所示。

5. 定义视口并拾取视口位置

单击【下一步】按钮,在弹出的【创建布局—定义视口】对话框中设置新创建布局的默认视口,包括视口设置、视口比例。如果选中【标准三维工程视图】单选按钮,则还需要设置行间距与列间距;如果选中【阵列】单选按钮,则需要设置行数与列数。视口的比例可以从下拉列表框中选择,如图 10-8 所示。

图 10-7 【创建布局—标题栏】对话框

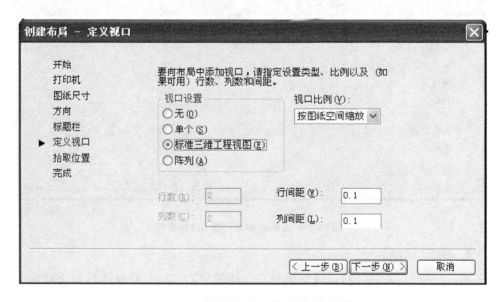

图 10-8 【创建布局—定义视口】对话框

单击【下一步】按钮,在弹出的【创建布局—拾取位置】对话框中选择【拾取位置】,即可在图形窗口中以指定对角点的方式指定视口的大小和位置。通常情况下,拾取全部图形窗口,如图 10-9 所示,然后单击【完成】按钮即可显示新建布局效果。最后显示如图 10-10 所示对话框。

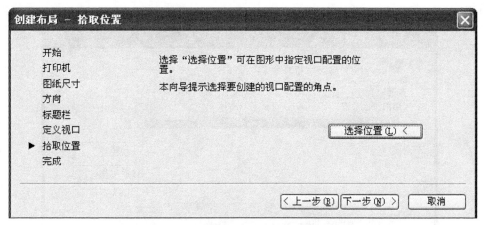

图 10-9 【创建布局—拾取位置】对话框

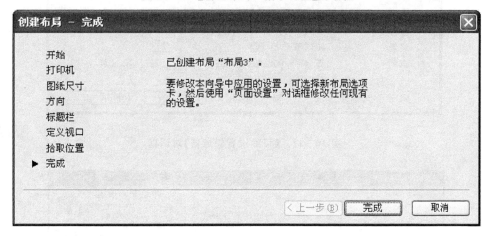

图 10-10 【创建布局—完成】对话框

10.1.3 布局页面设置

在进行图形打印时,必须对所打印的页面进行打印样式、打印设备、图样的大小、图样的打印方向以及打印比例等参数的指定。

选择菜单中的【文件】|【页面设置管理器】命令,或右击状态栏中的【快速查看布局】,在弹出的快捷菜单中选择【页面设置管理器】选项,系统弹出【页面设置管理器】对话框,如图 10-11 所示。对该布局页面进行修改、新建、输入等操作,具体介绍如下:

1. 修改页面设置

可通过该操作对现有的页面进行详细的修改和设置,从而达到所需的出图要求。在【页面设置管理器】对话框的【页面设置】中选择需要进行修改的设置后,单击【修改】按钮,即可在弹出的【页面设置-模型】对话框中对该页面重新设置,如图10-12所示。

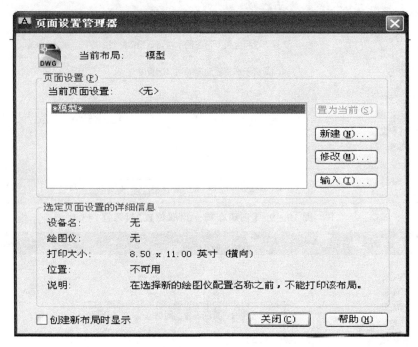

图10-11 【页面设置管理器】对话框

图10-12 【页面设置—模型】对话框

2. 新建页面设置

在【页面设置管理器】对话框中单击【新建】按钮，在弹出的【新建页面设置】对话框中输入新页面的名称，指定基础样式后即可打开基于所选基础样式的【新建页面设置】对话框，如图 10 - 13 所示。

3. 输入页面设置

新建和保存图形中的页面设置后，在【页面设置管理器】对话框中单击【输入】按钮，便可在【从文件选择页面设置】对话框中选择页面设置方案的图形文件。设置参数后单击【打开】按钮，并打开【输入页面设置】对话框进行页面设置方案的选择，最后单击【确定】按钮，即可完成输入页面的设置，如图 10 - 14 所示。

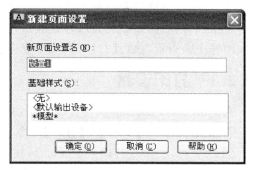

图 10 - 13 【新建页面设置】对话框

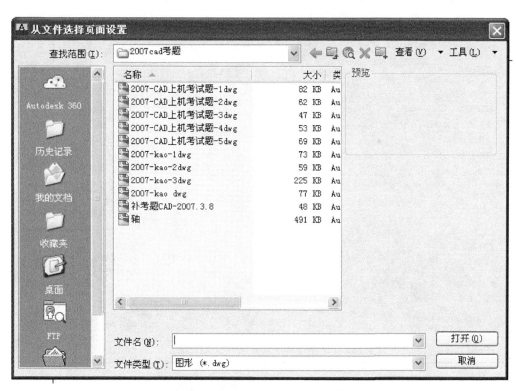

图 10 - 14 【从文件选择页面设置】对话框

第10章 图形的打印输出

10.2 打印图形

打印是将绘制好的图形用打印机（或绘图仪）以图样的形式绘制出来，以便于后期的工艺编排、交流以及审核等需要。通常在布局空间设置浮动视口，确定图形的最终打印位置，然后通过创建打印样式表进行打印前的必要设置，决定打印的内容和图像在图样中的布置，执行【打印预览】命令查看布局无误，即可执行打印操作。

10.2.1 打印设置

在 AutoCAD 2013 中执行打印操作，有以下几种常用方法：
① 菜单栏：选择【文件】|【打印】命令。
② 命令行：在命令行输入 PLOT 后按 Enter 键。
③ 工具栏：单击快速访问工具栏上的【打印】按钮。

打印图形的步骤如下：
① 利用上面三种方法之一，打开如图 10-15 所示对话框。

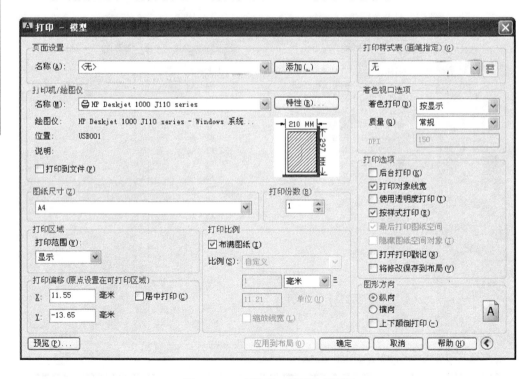

图 10-15 【打印—模型】对话框

② 在【打印机/绘图仪】下，从【名称】下拉列表中选择一种绘图仪。

第 10 章 图形的打印输出

③ 在【图纸尺寸】下拉列表中选择图纸尺寸,在【打印份数】文本框中输入要打印的份数。

④ 在【打印区域】的【打印范围】下拉列表(见图 10-16)中,【窗口】、【图形界限】、【显示】三个选项中,【窗口】表示用指定窗口来选择打印区域;【图形界限】用于通过设置图形界限来选择打印区域,就是用 LIMITS 命令设置的绘图范围内的全部图形;【显示】表示打印当前显示的图形,是通过绘图窗口来选择打印区域。通常选用【窗口】。

图 10-16 【打印区域】

⑤ 有关其他选项的信息,单击【更多选项】按钮⊙可弹出对话框详细内容。

⑥ 在【打印样式表】下拉列表中选择【新建】或已有的样式,此时,系统打开如图 10-17 所示对话框,选中【创建新打印样式表】单选按钮,然后单击【下一步】按钮,打开【添加颜色相关打印样式-文件名】对话框,输入文件名【千斤顶】,如图 10-18 所示;继续单击【下一步】按钮,系统又打开【添加颜色相关打印样式-完成】对话框,如图 10-19 所示;单击该对话框中的【打印样式表编辑器】按钮,系统打开如图 10-20 所示对话框。

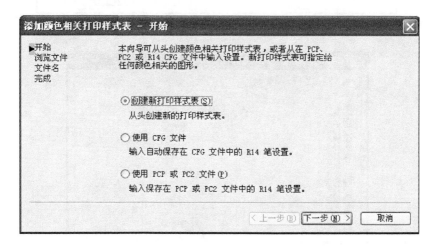

图 10-17 【添加颜色相关打印样式表-开始】对话框

⑦【打印样式表编辑器】对话框用于设置打印样式表。如果绘图时设置了颜色,而实际需要用黑色打印图形,如果绘图时没有设定线宽,都可以利用该对话框设置不同图层的颜色和线宽等。例如:在【打印样式】下拉列表中选中对应颜色,在【特性】选项组下,【颜色】选【黑】,【线型】选【使用对象线型】,【线宽】选【使用对象线宽】,单击【保存并关闭】按钮,返回到【打印样式表编辑器】对话框,单击【完成】按钮,返回到【页面设置】对话框,完成打印样式的建立。千斤顶的样式名显示在打印列表中。

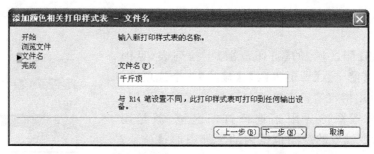

图 10-18 【添加颜色相关打印样式表—文件名】对话框

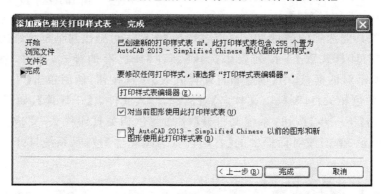

图 10-19 【添加颜色相关打印样式—完成】对话框

图 10-20 【打印样式表编辑器】对话框

10.2.2 打印预览

对完成输出设置的图形进行打印输出之前,一般都需要对该图形进行打印预览,以便检验图形的输出设置是否满足要求。单击【打印】对话框中的【预览】按钮,系统将切换至【打印预览】界面。在该界面中可以利用左上角相应的按钮或右键快捷菜单进行预览图样的打印、移动、缩放和退出等操作,如图 10-21 所示。

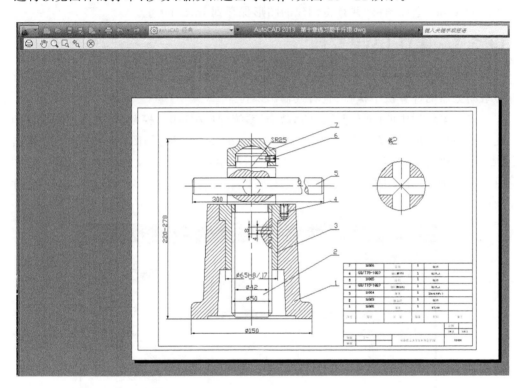

图 10-21 打印预览界面

10.2.3 打印输出

各部分都设置完成以后,在【打印】对话框中单击【确定】按钮,或者打印效果符合设计要求选择快捷菜单中的【打印】选项,系统将开始输出图形。如果图形输出时出现错误或要中断绘图,可按 Esc 键将结束图形输出。

第10章 图形的打印输出

10.3 发布图形文件

在 AutoCAD 2013 中,可以通过 Internet 访问或存储 AutoCAD 图形以及相关文件,AutoCAD 拥有与 Internet 进行连接的多种方式,并且能够在其中运行 Web 浏览器。通过生成的 DWF 文件以便让用户进行浏览和打印,除此之外,还能够打开的插入 Internet 上和图形,并且将创建的图形保存到 Internet 上。

10.3.1 建立 DWF 文件

DWF 文件是一种安全的适应于在 Internet 上发布的文件格式,并且可以在装有网络浏览器的计算机中执行、查看或输出操作。

选择菜单栏中的【文件】|【打印】命令,系统弹出【打印—模型】对话框,并在【打印机/绘图仪】选项组的【名称】后选择 DWF6 eplot.pc3 选项,如图 10 - 21 所示。单击【确定】按钮,并在弹出【浏览打印文件】对话框中设置 ePlot 文件的名称和路径(如图 10 - 22 所示),单击【浏览打印文件】对话框中的【保存】按钮,即可完成 DWF 文件的创建操作。

图 10 - 22 【打印—模型】对话框

图 10-23 【浏览打印文件】对话框

10.3.2 将图形发布到 Web 页

在 AutoCAD 2013 中,执行【文件】|【网上发布】命令,打开【网上发布】向导,根据提示操作,可以方便、迅速地创建格式化 Web 页。该 Web 页包含 AutoCAD 图形的 DWF、PNG 或 JPEG 等格式图像。一旦创建了 Web 页,就可以将其发布到 Internet 上。

具体操作步骤如下:

① 打开需要发布到 Web 页的图形文件,并选择【文件】|【网上发布】命令,系统弹出【网上发布-开始】对话框,选中该对话框中的【创建新 Web 页】单选按钮,如图 10-24 所示。

② 单击【下一步】按钮,利用打开的【网上发布-创建 Web 页】对话框,指定 Web 文件的名称、存放位置以及有关说明,如图 10-25 所示。

③ 单击【下一步】按钮,利用打开的【网上发布-选择图像类型】对话框,设置 Web 页上显示图像的类型以及大小,如图 10-26 所示。

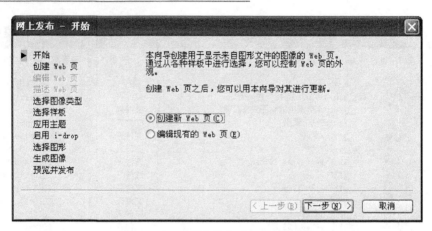

图 10-24 【网上发布—开始】对话框

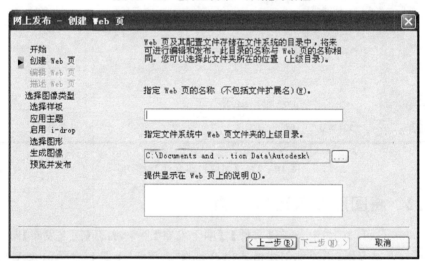

图 10-25 【网上发布—创建 Web 页】对话框

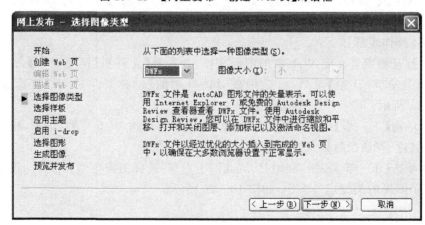

图 10-26 【网上发布—选择图像类型】对话框

④ 单击【下一步】按钮,利用打开的【网上发布—选择样板】对话框,设置 Web 页样板,并且可以在该对话框的预览框中显示出相应的样板实例,如图 10-27 所示。

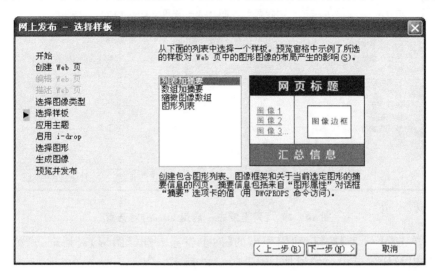

图 10-27 【网上发布—选择样板】对话框

⑤ 单击【下一步】按钮,利用弹出的【网上发布—应用主题】对话框,设置 Web 页面上各元素的外观样式,并且可以在该对话框下部对所选主题进行预览,如图 10-28 所示。

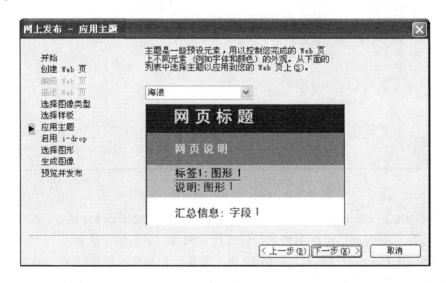

图 10-28 【网上发布—应用主题】对话框

⑥ 单击【下一步】按钮,在弹出的【网上发布—启用 i-drop】对话框中勾选【启用 i-drop】复选框,即可创建 i-drop 有效的 Web 页,如图 10-29 所示。

第 10 章　图形的打印输出

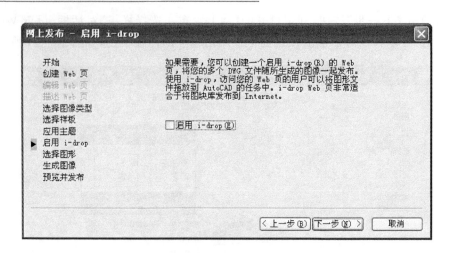

图 10-29　【网上发布—启用 i-drop】对话框

⑦ 单击【下一步】按钮,利用弹出的【网上发布—选择图形】对话框,进行图形文件、布局以及标签等内容的添加,如图 10-30 所示。

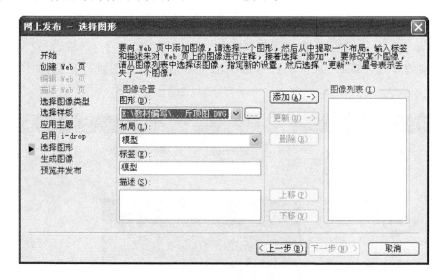

图 10-30　【网上发布—选择图形】对话框

⑧ 单击【下一步】按钮,利用弹出的【网上发布—生成图像】对话框,通过两个单选按钮选择重新生成已修改图形的图像或所有图像,如图 10-31 所示。

⑨ 单击【下一步】按钮,利用弹出的【网上发布—预览并发布】对话框(见图 10-30)中的【预览】按钮预览所创建的 Web 页,单击【立即发布】按钮可发布所创建的 Web 页,还可以通过对话框中的【发送电子邮件】按钮创建和发送包括 URL 及其位置等信息的邮件。单击【完成】按钮,完成 Web 面的所有操作并关闭对话框。

第 10 章 图形的打印输出

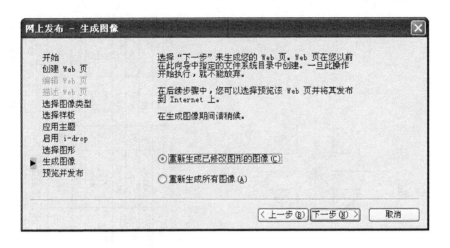

图 10-31 【网上发布—生成图像】对话框

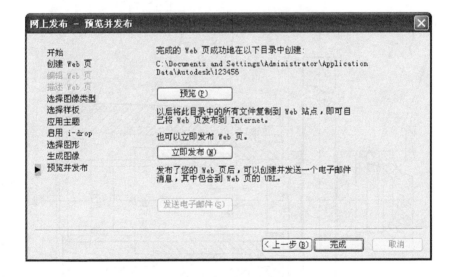

图 10-32 【网上发布—预览并发布】对话框

上机实践

1. 按如下要求打印输出图形，见图 10-33。

① 设置图形输出设备、页面样式、打印样式等并绘制输出第 9 章练习题千斤顶装配图。

② 创建 A3 布局，插入标题栏，并合理布局图形与技术要求。

③ 把图存为 DWF 格式并进行网上发布。

第 10 章 图形的打印输出

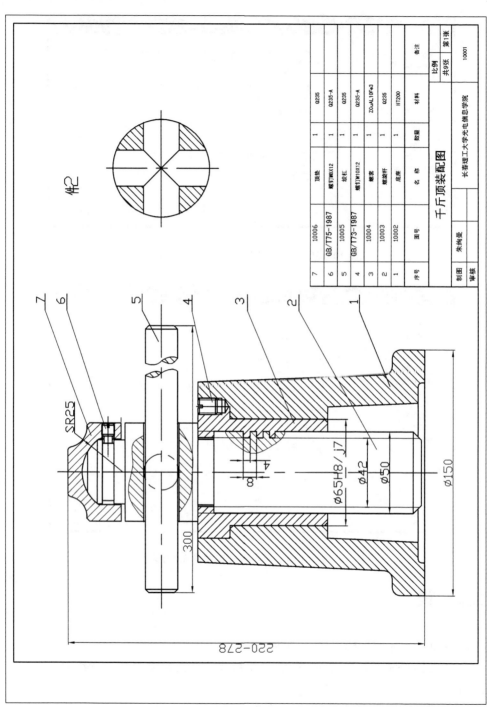

图10-33 打印并输出图形

附 录

重要的键盘功能键速查

绘图中常用命令见附图 1~附图 5,其命令说明见附表 1~附表 5。

1. 绘图命令

附图 1 【绘图】工具栏

附表 1 【绘图】命令说明

图 形	快捷键	执行命令	命令说明
	L	LINE	直线
	XL	XLINE	构造线
	PL	PLINE	多段线
	POL	POLYGON	正多边形
	REC	RECTANGLE	矩形
	A	ARC	圆弧
	C	CIRCLE	圆
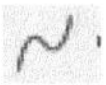	SPL	SPLINE	样条曲线
	EL	ELLIPSE	椭圆
	I	INSERT	插入块
	B	BLOCK	块定义
	PO	POINT	点
	H	BHATCH	填充
	REG	REGION	面域
	MT	MTEXT	多行文本

附 录 重要的键盘功能键速查

2. 修改命令

附图 2 【修改】工具栏

附表 2 【修改】命令说明

图 形	快捷键	执行命令	命令说明
	E	DEL 键 *（ERASE）	删除
	CO	COPY	复制
	MI	MIRROR	镜像
	O	OFFSET	偏移
	AR	ARRAY	阵列
	M	MOVE	移动
	RO	ROTATE	旋转
	SC	SCALE	比例缩放
	S	STRETCH	拉伸
	TR	TRIM	修剪
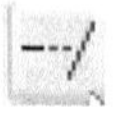	EX	EXTEND	延伸
	BR	BREAK	打断
	CHA	CHAMFER	倒角
	F	FILLET	倒圆角
	X	EXPLODE	分解

3. 尺寸标注

附图3 【尺寸标准】工具栏

附表3 【尺寸标注】命令说明

图 形	快捷键	执行命令	命令说明
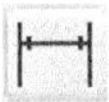	DLI	DIMLINEAR	线性标注
	DAL	DIMALIGNED	对齐标注
	DAR	DIMARC	弧长标注
	DRA	DIMRADIUS	半径标注
	DJO	DIMJOGGED	折弯标注
	DDI	DIMDIAMETER	直径标注
	DAN	DIMANGULAR	角度标注
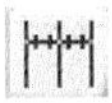	DCO	DIMCONTINUE	连续标注
	DSP	DIMSPACE	等距标注
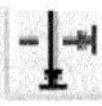	DBR	DIMBREAK	折断标注
	TOL	TOLERANCE	标注形位公差
	DCE	DIMCENTER	中心标注
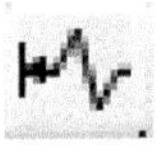	DJO	DIMJOGLINE	折弯线性
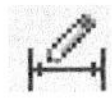	DED	DIMEDIT	编辑标注

附　录　重要的键盘功能键速查

4. 状态栏

附图 4　【状态栏】工具栏

附表 4　【状态栏】命令说明

图　形	快捷键	命令说明
—	F1	获取帮助
—	F2	实现作图窗和文本窗口的切换
	F3	对象捕捉
	F4	三维对象捕捉
—	F5	等轴测平面切换
	F6	允许/禁止动态 UCS
	F7	栅格显示模式控制
	F8	正交模式控制
	F9	栅格捕捉模式控制
	F10	极轴模式控制
	F11	对象捕捉追踪
	F12	动态输入
	Ctrl＋Shift＋I	推断约束

5. 对象捕捉

附图 5　【对象捕捉】工具栏

附表 5　【对象捕捉】命令说明

图　形	快捷键	命令说明
	TT	临时追踪点
—	FROM	从临时参照到偏移
—	ENDP	捕捉到圆弧或线的最近端点
	MID	捕捉圆弧或线的中点
	INT	线、圆、圆弧的交点
	APPINT	两个对象的外观交点
—	EXT	线、圆弧、圆的延伸线
	CEN	圆弧、圆的圆心
	QUA	捕捉到象限点
	TAN	捕捉到切点
	PER	线、圆弧、圆的垂足
	PAR	直线的平行线
	NOD	捕捉到点对象
—	INS	文字、块、形或属性的插入点
	NEA	捕捉到最近点
	D	标注样式管理器
—	LE	引线管理器
	ST	文字样式管理器
—	LT	线型管理

参考文献

[1] 黄仕君. AutoCAD 2010 实用教程. 北京:北京邮电大学出版社,2012.
[2] 张云杰,李志鹏. AutoCAD 2013 从入门到精通. 北京:电子工业出版社,2013.
[3] 王慧,孙建香. AutoCAD 2012 机械制图实例教程. 北京:人民邮电出版社,2012.
[4] 麓山文化. AutoCAD 2013 实用教程. 北京:机械工业出版社,2012.
[5] 张东梅,李玉菊. 图学基础教程. 北京:科学出版社,2012.
[6] 周顺鹏. AutoCAD 机械绘图实用教程. 北京:清华大学出版社,2008.
[7] 同济大学上海交通大学等院校《机械制图》编写组. 机械制图. 北京:高等教育出版社,2010.
[8] 侯洪生. AutoCAD 2009 计算机绘图实用教程. 北京:科学出版社,2005.
[9] 钟日旭. AutoCAD 2012 入门·进阶·精通. 北京:机械工业出版社,2012.
[10] 王静波,贾立红. AutoCAD 机械制图实用教程. 北京:清华大学出版社,2009.
[11] 杨静,余妹兰. AuToCAD 2012 实例教程. 北京:人民邮电出版社,2012.